第二辑

中国出版纪录小康文库

中国艺术乡建（二）

黄政 主编

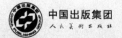

中国出版集团

人民美术出版社

图书在版编目（CIP）数据

中国艺术乡建.二/黄政主编.－－北京：人民美术出版社,2022.12

（中国出版纪录小康文库.第二辑）

ISBN 978-7-102-08699-6

Ⅰ.①中… Ⅱ.①黄… Ⅲ.①乡村－建筑艺术－研究－中国－文集 Ⅳ.①TU-862

中国版本图书馆CIP数据核字(2022)第224822号

中国出版纪录小康文库·第二辑
中国艺术乡建（二）
黄政　主编

———————————————————————

人民美术出版社出版
责任编辑　王青云
北京市朝阳区东三环南路甲3号（100022）
人民美术出版社发行
北京建宏印刷有限公司印刷
ISBN 978 - 7 - 102 - 08699 - 6

———————————————————————

2022 年 12 月第 1 版　　开本 710×1000　1/16
2023 年 2 月第 1 次印刷　印张 13¾
定价：138.00 元

"中国出版纪录小康文库"出版前言

党的十八大以来，以习近平同志为核心的党中央把脱贫攻坚摆在治国理政的突出位置，统筹推进经济、政治、文化、社会、生态文明建设，决胜全面建成小康社会取得决定性成就。在庆祝中国共产党成立100周年大会上，习近平总书记代表党和人民庄严宣告：经过全党全国各族人民持续奋斗，我们实现了第一个百年奋斗目标，在中华大地上全面建成了小康社会，历史性地解决了绝对贫困问题，正在意气风发向着全面建成社会主义现代化强国的第二个百年奋斗目标迈进。

在全面建成小康社会的奋斗历程中，涌现出丰富的实践和精神成果，具有非凡的纪录和出版价值。为全面展现和生动反映以习近平同志为核心的党中央团结带领全国各族人民顽强奋斗、如期全面建成小康社会的伟大历程和辉煌成就，落实中央领导同志在全国宣传部长会议上的重要讲话精神，中国出版集团勇于承担出版"国家队"的职责使命，决定紧紧扣住全面建成小康社会这一主题，遴选所属多家出版单位的优质图书品种，集萃推出"中国出版纪录小康文库"，以期用全方位、立体化丛书形式，展现新时代中国脱贫攻坚、全面小康的奋斗历程，彰显伟大时代的中国精神、中国价值和中国力量。

"中国出版纪录小康文库"所收书籍包括学术、文学、艺术等不同类别图书，既有学术探讨，又有文学表达，还有实践总结，并以传统出版兼融媒体的方式进行传播。

　　商务印书馆出版的《习近平扶贫故事》一书，真切地讲述了习近平同志始终把人民放在最高位置、关心困难群众生产生活、指引困难群众脱贫致富的感人故事，展现了习近平同志高度重视扶贫开发、锲而不舍推进脱贫攻坚的领袖风范，使人深切感受到他的思想力量、人格力量和语言力量。为此，特将《习近平扶贫故事》列入"中国出版纪录小康文库"，作为特别致敬图书单元，隆重推出。

　　"中国出版纪录小康文库"由中国出版集团策划并组织实施。遴选书目以集团所属的各出版单位已出版的书籍为主要基础。其中有一部分图书系经过作者修订增补的。所有书目由"中国出版纪录小康文库"编辑委员会审定，文库书籍装帧形态由文库编辑委员会确定，统一文库标识，统一开本与装帧风格，统一印制材料和标准，旨在确保这项重大出版工程能高质量圆满完成。

　　中国出版集团向来以出版代表中国出版业水平的精品图书为己任，我们希望这套文库能将反映我集团出版的全面建成小康社会伟大历程的精品图书尽收其中，展现中华大地实现全面小康的新面貌、新气象，以满足时代和社会的需求，不负广大读者的期待。

"中国出版纪录小康文库"编辑委员会

为乡村增颜值、为乡村创价值、为乡村赋气质（代序）

黄政

2021年，在"十四五"开局之年，在全面推进乡村振兴战略元年，艺术参与乡村建设，何为？何能？何去？2021年4月19日，习近平总书记到清华大学考察并发表重要讲话，指出："美术、艺术、科学、技术相辅相成、相互促进、相得益彰。要发挥美术在服务经济社会发展中的重要作用，把更多美术元素、艺术元素应用到城乡规划建设中，增强城乡审美韵味、文化品位，把美术成果更好服务于人民群众的高品质生活需求。要增强文化自信，以美为媒，加强国际文化交流。"习近平总书记的讲话，正是我们回答艺术参与乡村建设"何为，何能，何去"问题的根本遵循。

为乡村增颜值

今天，我们已经走过脱贫攻坚决战决胜的历史时刻，步入了全面小康的新时期。这意味着整个国家和民族走出了生存经济时代，迎来了审美经济时代。以创意与设计为乡村塑形，让乡村变得更美丽、更宜居，让乡村千村千色、各美其美——这是当前艺术参与乡村建设的基本任务。

四川美术学院携手北碚柳荫建设艺术乡村，包括艺术院落、艺术稻田、艺术水渠、艺术粮仓、艺术市集……让院落处处皆故事，让稻田处处皆入画，让粮仓处处皆创意，实现了艺术乡村化、乡村艺术化。2021年8月14日，中央电视台大型直播《走进乡村看小康》，用一个乡村的"文艺复兴"来赞誉四川美术学院以艺术为乡村增颜值开启了面向未来的审美想象。

为乡村创价值

艺术参与乡村建设最大的难题与困惑就是激活乡村容易，赋能乡村很难。换而言之，把乡村的美丽颜值转化为生产力，转化为村民可触摸的收益，提升市场价值，切实增强村民的获得感和幸福感是艺术可持续推进乡村振兴必须要啃下的"硬骨头"。对此，不同的学者、不同的艺术家用理论与实践对这一问题进行了回答。

有学者提出，"将文化资源导入乡村，把乡村价值输出到城市"。北京大学文化产业研究院学者立足于四川达州宣汉白马镇毕城村的乡建实践，提出了以"乡村文创"来推动城乡融合的探索。2020年10月，"清华大学文化创意发展研究院乡创基地"落户江西景德镇市浮梁县，以基地为载体，探索开展乡创特派员机制，为当地导入文化创意的高端人才与前沿理念。2021年3月，四川美术学院艺术创新社会实验室落户酉阳，四川美术学院（酉阳）艺术与乡村研究院正式成立。同年5月，四川美术学院派教师作为花田乡中心村第一驻村书记，开启艺术人才入乡新里程。

酉阳叠石花谷获评2020年十大旅游扶贫案例，切实践行了"绿水青山就是金山银山"的价值理念，为广大农村地区实现将"绿水青山"转化为"金山银山"提供了一个可资借鉴的鲜活案例。酉阳叠石花谷案例的探索可以归纳为：第一步，以审美思维打造千亩美丽画卷；第二步，让无形的文化遗产可视化；第三步，打造中国艺术乡村季学术品牌；第四步，成立川美（酉阳）艺术与乡村研究院为酉阳输送源源不断的创意资源。

为乡村赋气质

曾几何时，"故土"成为我们要竭力逃出的地方。2000年，基层干部李昌平上书朱镕基总理，哀叹"农民真苦，农村真穷，农业真危险"。由于城乡剪刀差，城市大规模吸纳大学生、外来务工人员，城乡差距、地域差距越来越大。相对于城市，乡村已经成为"落后"的代名词。这种价值观深植于当今国人心中，乡村由此走向不可避免的衰败命运。

民族要复兴，乡村必振兴。国家全面推进乡村振兴战略，为艺术参与乡村建设提供了大的政策与舆论环境。艺术家进入乡村，不是用资本，不是用权力，而是以艺术为媒介重新发现乡村之美，以创意为方法重新激活乡村之美。在城市千城一面、社会内卷、生活异化、生态危机之时，艺术在乡村重新释放出媒介力与交往力，以"小的""柔和的""协商的"方式，重新让乡村恢复活力、焕发光彩。

福建偏远山村屏南，以乡村文创实现"三变"：偏远农村由"流人"变"留人"，闲置资源由"沉睡"变"苏醒"，工业文明"弱鸟"变生态文明"靓鸟"。艺术与文创激活乡村潜能与潜力，让乡村村民重新认识到乡村的价值，让城市市民重新拥抱乡村的价值。

在中央电视台对艺术柳荫的直播案例中，村民说"今天的生活比过去好千倍、好万倍"，渠下人家青年小伙子回乡创业开民宿与餐馆。艺术让乡村价值凸显：生态艺术市集让人认识到生态农业、有机食品之珍贵；乡村文创产品借助电商平台让乡村农产品能走入千家万户；乡村影像艺术创作记录人与自然和谐相处的美好生活，让蜗居在水泥森林城市的人们无限向往。

疫情之后，新的形势提示我们：全球发展已经进入了瓶颈期，工业文明和消费主义发展道路需要得到深刻反思。艺术乡村由此成为人与自然和谐相处的价值观的绝佳表征。

美好生活，从艺术乡村开始。

（黄政：教授，中共重庆市委教育工委书记、重庆市教育委员会主任，四川美术学院艺术与乡村研究院院长）

目　录

中国艺术乡建二十年：本土化问题与方法论困境

张　颖

摘要："百年乡建变迁"与"当代艺术转向"两条历史线索博弈平衡、交织叠合，引发并构建了中国艺术乡建二十年的基本问题、理论工具及行动目标。在现代性规约下，民族国家—精英艺术—城乡对峙的思维闭环，导致"启蒙"和"赋权"的他者化问题将本土艺术乡建行动拖入困境。中国艺术乡建之"中国"，不仅指代艺术乡建的物化空间和现场位置，更需表明文化特性所提供的认识论和方法论维度，以获得本土价值与意义的自主性。中国艺术乡建之"艺术乡建"，既非规制一种知识精英和权力集团的话语阵地，亦非建构特殊的乡建识别形式或孤立的艺术行为过程。唯能明确"整体赋能"的本土问题意识，方可借助"农本—乡土—艺道"的方法论框架，以"家园亲亲"的美感形式促成对世界的理解和对转型社会的精神与物质贡献。

关键词：艺术乡建　乡村振兴　本土化　整体赋能
　　　　家园亲亲

引言

世纪交替，千年更始。随着我国"社会主义新农村建设""乡村振兴战略"[1]在政策面对发展议题的持续转换，以及美丽乡村、生态宜居、文旅融合、非遗保护、精准扶贫等具体要求在人民生活中的不断落实，由艺术家推动的"艺术乡建"[2]行动，成为21世纪开头二十年中国乡村建设事业和社会文化生活中的重头戏。

由于近年来"艺术乡建"被愈发标签化地使用，以及社会对其显性效力的过高期待，国内学界对艺术乡建的概念范畴和功能作用的争议也在不断加剧。艺术家为什么进入乡村？乡村是否需要艺术？艺术乡建的重点是在艺术上还是乡建上？[3]是将艺术乡建视为一场新的"中国式文艺复兴"，重建传统文化符号和生活样态，[4]还是作为在地艺术关切地方知识重建的一种表征性潮流？[5]或是以乡村为对象的文化消费方式和治理手段？[6]

虽然不同时期、不同专业的问题意识与学理支撑各不相同，但在纷繁芜杂的论点和材料背后，仍能清晰地探寻到艺术乡建的话语体系[7]其实是历史表述、政治表述、策略表述的共谋与合围。这不仅关涉文化内涵和历史形态，同时也受到不断变迁的社会语境的支配。唯有追溯与关注中国艺术乡建的"结构过程"，[8]才能理解人们对过去发生了什么和过去是什么样子产生的意见分歧；还有关于过去是否真的已经完全彻底地过去；或是对于它是否还在继续的不确定，尽管过去也许以不同的形式而存在。而这个问题会引发的讨论是关于影响、关于责难或判断、关于当前与未来的紧迫问题。[9]

　　因此，中国艺术乡建二十年之回顾，首要之务便是通过追溯其历史演化线索，明晰本土问题意识。再从本土特型化的思想资源、知识依据出发，在全球视野和多学科方法下互视联通，探讨走出方法论误区的可能。要而言之，中国艺术乡建之"中国"，不只指代艺术乡建的物化空间和现场位置，更需表明文化特性所提供的认识论和方法论维度，以获得本土价值与意义的自主性；中国艺术乡建之"艺术乡建"，既非规制一种知识精英和权力集团的话语阵地，亦非建构特殊的乡建识别形式或孤立的艺术行为过程，而是通过对"农本—乡土—艺道"的复归及再生产，沿着"整体赋能"之向度，以美感形式促成对世界的理解和对转型社会的精神与物质贡献。

一、"百年乡建"与"当代艺术"：中国艺术乡建的两条基本线索

　　"百年乡建"与"当代艺术"是中国艺术乡建话语体系中两条较为清晰的线索。中国艺术乡建热潮既是百年乡村建设运动的历史延续，也是当代艺术在社会语境下的行动策略。艺术家们或从"城市的处境出发，追溯到与城市现象紧密相连的乡村问题……从文化和艺术的角度介入了目前在各地兴起的乡村建设运动"[10]；或因对"中国当代艺术后殖民现象的反思和批判……不满足于中国当代艺术被资本所裹挟，反其道从乡村开始来做"[11]，努力开辟实验性的本土当代艺术实践。"艺术"与"乡建"

在特殊的历史情境下互为工具、场域与目标，博弈平衡，交织叠合。

（一）中国百年乡建情势变迁中的文艺行动

作为以农业为主要文明类型及农民为主要人口构成的国家，中国近现代历史的剧烈转型既出现了不同形式的乡村破坏与三农问题，也孕育了以"自我保护""乡土重建"为双重定位的"百年乡村建设"[12]。百年乡村建设不仅形式载体复杂多样，更是一个因时因势，不断反思调整、创造总结的过程。而文艺行动在中国百年乡建情势变迁中，虽或显或隐，却是源源不绝，举足轻重。

鸦片战争后，在"数千年未有之大变局"的演变态势中，中国社会矛盾和社会问题日益尖锐。首先是一系列天灾人祸加剧农村经济危机，农民失地失业引发饿殍遍地、暴乱频发；其次是作为传统中国社会基础的乡村，在西方现代性影响下成为负面化的社会问题，产生了城乡"文化之中梗"[13]。农村经济、社会、教育整体崩溃的局势引发了知识精英的普遍焦虑和关注，"农村破产"说成为社会精英共识。[14] 在全球"乡村世界主义"[15] 和农民革命运动影响下，晏阳初、梁漱溟、卢作孚、陶行知等有识之士在社会实验的基础上，开始从不同角度提出"乡村建设"[16] 思想和主张，形成了声势颇壮的社会运动。

民国乡建运动在政治取向、社会支持、动员方式和建设内容上虽各有不同，但因其区别于激进式革命，是"逐步地让社会自身发生作用，慢慢地扩大起来，解决社会自身问题"[17]，所以无论是再造具有"知识力、生产力、强健力和团结力的新民"[18]，还是以"新的礼俗"[19]推动文化复兴、实现乡村自救和社会结构改造，自下而上的社团文艺活动都成为消解精英阶层与乡村民众隔阂，打通"化农民"与"农民化"，促成"开发启蒙"或"绵延文化而求其进步"的重要手段。各地乡建团体纷纷利用茶馆酒肆戏台等场所，吸纳农民加入改良班、读书会或合作社，文学、图画、音乐、戏剧活动蓬勃开展。以定县模式为例，平教运动推行的四大教育之首即是"以文艺教育救愚"。其中由郑锦主持的直观试听教育部、熊佛西牵头的平民戏剧实验工作等在当时引起了乡村社会的广泛响应。

随着日本侵华战争的全面爆发，各地乡建事业最终解体。战争时期掀起的"延安新秧歌运动"等文艺下乡热潮，在继承五四新文化运动"到民间去"和左翼文艺运动"无产阶级大众文艺"思想的基础上，以毛泽东《在延安文艺座谈会上的讲话》（1942）为核心，坚持文艺为政治和工农兵服务，文艺服务于人民的解放事业，在形式内容及功效上显现出明确的革命性和斗争性。其后中国共产党以"耕者有其田"的农民运动，重启了乡村现代性建设的大门，农村建设被赋予了极强的政治运动色彩。[20]受城乡分治和农村支持城市的政策方针影响，虽然文艺下乡制度成为知识分子自我改造的重要方式，但无论是艺术工作者大规模的"采风""集成"工作，还是由新年画运动、新民歌运动、农民画运动等推动的民间工艺展演热潮，新中国文艺建设任务都被明确规定为向农村输送社会主义文艺，进一步巩固工农联盟和发展社会主义建设事业，[21]政治化、样板化、程式化的特征突出。

1978年中国共产党十一届三中全会以后，"四个现代化"建设带来了农村生产力解放和商品生产发展。"以经济建设为中心"阶段性任务的确立，再加上20世纪80年代中期兴起的文化寻根运动、90年代地方文化热潮助推，自下而上的乡村民俗展演和手工艺作为农村新型产业盛极一时。而随着城市居民生活水平稳步提高和大众休闲意识普及，乡村旅游的市场需求激增，建筑师、设计师介入的乡村环境整治和创意农业观光工程更是如火如荼。然而"文化搭台，经济唱戏"之倒置，却往往将乡村文艺行动导向迎合城市消费的戏仿化与拼贴化生产，与地方文脉、乡土生活脱节，同质化现象也愈发严重。

进入21世纪以来，"新三农"[22]问题成为中国社会关注的焦点。随着国家"建设社会主义新农村""乡村振兴战略"的全面部署，以及民间新乡村建设运动所提倡的以"人民生计为本、多元文化为根、合作互助为纲"[23]的社会行动不断升温，举国上下确立了城乡融合发展的新思路。乡村成为文化、意识形态、资本生产流通的重要节点。政策和国民价值观念也随之转向：一是坚持农业农村优先发展，注重社会、文化、生态的一体化可持续发展，寻求以农村和农民为本的内源式、多元化的发展道路；二是强调社会主义文艺的本质定位是"人民的文艺"，要坚定文化自信，将中国精神作为社会主义文艺的灵魂；[24]三是将中华优秀传统文化，作为涵养社会主义核心价值观的重要源泉。[25]乡村建设中的文艺行动摆脱了单一的政治或经济至上论，将目标聚焦于保存地方文化"主体性"和"总体性"上。这一要求也促使新时代乡村文艺不仅要回归本土文脉与日常经验，亦要为重构乡土精神、提升生活效能做出贡献。2010年之后，打破城乡壁垒，统合国家和地方政府、知识精英、大众力量，具有长期性、持续性、合作式特点的综合艺术项目开始成为乡村文艺行动的热门方式。

（二）中国当代艺术话语转向下的乡建选择

艺术是由艺术家推动的艺术乡建行动的基础表征工具，也是艺术乡建充分必要的类属性。因此，对"艺术"的定义、实践和思考，不断触发和建立艺术与乡村的新关系。"艺术介入乡村，重要意义并不是艺术本身，而是艺术与乡村之间的关系开始建立。"[26] "到农村去，不是避世，不是在桃花源里悠然度日，而是迎向比城市更为复杂的现实。"[27] "意图在对日常经验进行的表达中'重建艺术和生活的连续性'。"[28] "村庄令艺术更加日常，艺术会让村民过上更幸福、更美好的生活。"[29] 艺术家对自己乡村创作行动的定位、阐释及调试，并非个性使然，而是受到中国当代艺术[30]话语转向所提供的美学依据与评价标准之影响，这也是理解本土艺术乡建二十年生产方式和行动特质的关键所在。

在全球化语境下，中国当代艺术首先通过"85美术新潮"运动，投入到西方现代主义的思想观念及形式表达中。20世纪90年代，中国当代艺术开始以"前卫"姿态进入后现代转型期。全球化艺术机制几乎完全遏制了本土艺术的线性历史沿袭，并从艺术内部弥散到整体社会生活当中。

一方面，以国际双年展为代表的新艺术市场生态模式，宰制着中国前卫艺术家大多绕开本土，以获得国际主流肯定和商业利益为目标预设。艺术现实成就的标准是被人接受，文化上普遍地被困在被动的"殖民地心态"中。[31]文化的不自信致使"都市化"风潮全面覆盖中国传统乡土文脉，而全球化艺术市场中所谓"中国身份"的建构也多是以西方艺术语言挪用或转换本土传统符号，迎合"流行化"需求。

另一方面，西方当代艺术理论迅速占领中国艺术阐释与批评的至高点。在后现代主义框架下，现代主义艺术所关心的语言、形式、材料等审美问题被解构，艺术与生活一体化及民主化主张使艺术的文化批判立场和针对现实社会的问题意识成为聚焦点。艺术的定义从"感觉"转为"思维"，除了"艺术文本"多样性的拓展——任何技艺或题材都可以成为艺术，并且当代艺术还强调"行动过程"之于多元动态社会结构的重要性。暗合着西方当代艺术思潮的发展轨迹，1990年后大批中国艺术家主动超越传统形式主义的架上艺术，以具有强烈现场干预性和互动性的"实验艺术"（装置艺术、行为艺术、观念艺术等）和"公共艺术"样态，进入以都市为中心的公民社会的合作对话领域。

由于"先锋""前卫"的美学身份在中国缺乏必要的文化、政治支持，所以当代艺术在中国社会生活中一直处于"非主流"和"边缘化"的境地。随着全球化机制下文明普适性与文化民族性冲突在世纪之交的尖锐对立，警惕文化上全球主义对本土的侵蚀整合，在艺术上坚持"本土性"的文化内涵，探索美术的"当代性"，成为中国艺术在新世纪面临的新课题。[32]在后殖民主义和民族主义语境中，当代艺术在中国社会生活中的角色、地位、作用都发生了深刻变化。它不再被视为艺术的"内部事物"，转而成为中国形象、中国意识、中国身份总体建构的重要方面，[33]也因此被要求承担更多的政治、道德与社会教化功能。与此同时，中国当代艺术家的文化身份定位，亦在反思与责难中自觉调整。[34]

　　所以21世纪初中国当代艺术发生的"乡村转向"，其实是艺术内部与外部、国际与国内宏观政治经济环境共同着力的结果。在"中国当代艺术是谁的艺术"的发问之下，如果将中国农民、农村排除在外，我们就没有足够的理由在当代艺术的前面冠上"中国"的字样。[35]从文化批判的立场上看，乡土中国的"文化自觉"成为加强文化转型自主能力、取得适应新环境新时代文化选择自主地位和进行跨文化交流之必须。[36]从社会现实问题出发，当代艺术从"城市"向"乡村"的转变，不仅能够将本土创作拉回到文脉中，以"乡土化"作为中国当代艺术回归传统的方式，在国际对话中取得自主权；同时，透过艺术与乡村的互联共振，打开当代艺术在本土的深入发展之门，获得主流社会认可的合法性及话语权；甚至在理论方法上，亦能契合关系美学、社会参与式艺术等国际理论前沿。

　　渠岩发起的山西和顺"许村计划"（2007）、广东顺德"青田计划"（2015），靳勒发起的甘肃秦安"石节子美术馆"（2009），欧宁与左靖发起的安徽黟县"碧山共同体"（2011），孙君发起的河南信阳"郝堂村营建行动"（2011），焦兴涛发起的贵州桐梓"羊磴合作社"（2012），左靖发起的贵州黔东南"茅贡计划"（2015）、云南翁基村"景迈山计划"（2016），金江波发起的浙江湖州"乡村重塑莫干山再行动公共艺术创作计划"（2018）等项目的行动创新和理论探索引起了国内外当代艺术界的广泛关注。国内各高校和研究机构也迅速发起跨学科的理论跟进，如2016年7月北大人文社会科学院召开了"乡村建设及其艺术实践"学术研讨会，同年中国艺术研究院和中国艺术人类学学会发起举办了"中国艺术乡建论坛"，2018年10月四川美术学院成立艺术与乡村研究院，下设乡村建筑与环境研创中心、艺术与社会创新中心等。

艺术家与相关学者或是期望以批判协商、能动黏合的前沿理念让作品发生革命性突破，使"自律实体"的艺术生产与"社会事实"达成本质上的辩证统一；或是将中国乡村视为未受现代化污染的精神乌托邦，怀揣对文化身份确立和重新书写的追求；或是受过度集中的艺术资源的挤压，到乡村去寻找一个施展才华的新场域……2000年至2020年这二十年间，中国当代艺术乡村实践逐渐形成了主体多元化、媒介复杂化、内容事件化、实践形态项目化等特点，并基本形成了艺术运动的规模。

二、中国艺术乡建的问题与方法论困境

2000年前后，由艺术家零星发起的乡村文化建设活动，其姿态和方法保持着一定的开放性、多样性。2010年之后，这一实验性探索行动在国家全面启动"美丽乡村"的助推下陡然升温，转变为政府主导推动、社会机构和民间资本积极介入的社会运动。"艺术乡建"成为一个自带光环的品牌，宣示着乡村建设过程中多主体民主平等的"参与性"，表征着当代艺术羼入的"高级感"。

与此同时，在艺术综合项目、艺术节、空间营造、产品设计等大潮中，艺术乡建的范式特征、实践形式甚至创作手法也一再

被理论知识所束缚。似乎缺少西方的前沿理论武装，没有预期的社会功能性标签和经济收益目标，艺术作品就扛不住形式，撑不起情怀。虽然艺术家大多主动调整身份意识和创作习惯，但艺术乡建在功能与形式上的冲突、认同与区分上的纠葛却愈发明显，审美评价和社会评价往往不尽如人意。下文尝试循着"百年乡建变迁"和"当代艺术转向"的历史线索，对中国艺术乡建当下的问题意识与理论体系加以检视反思。

（一）启蒙还是复归？赋权还是赋能？——明确中国艺术乡建的"本土化问题"

2014 年 7 月，哈佛大学社会学博士周韵在新浪微博上发表《谁的乡村？谁的共同体？——品味、区隔与碧山计划》，质疑该计划是精英阶层对农村建设的一厢情愿，将真正的村民排除在外。在双方激烈的网络论战后，村民的反应是："看不懂，反正艺术家与学生都和我们没关系，农民是种田的。"[37] 细加思酌，这一事件中各种身份对立、价值争端，裂变幻化出众多的"他者"。但无论是"主体权利"还是"启蒙姿态"，各方对中国艺术乡建的论述和理辩仍未脱出西方认知与行动的窠臼——家国二分、城乡二分、美用二分。而村民的回应却发人深省："艺术家"与"农民"无涉，"种田"与"艺术"无关。这两个问题促使我们直面当代中国现实生活，民众生存与交往的社会问题也叩问着本土的文化形态、审美感情和艺术精神。

如想更深一步地理解"美学"，最吃紧的关键词应该是"文化"，而如想更深一步地理解"艺术"，最吃紧的关键词则应当是

"社会"。[38]近代中国"社会事实以演自中国数千年特殊历史者
为本，而社会意识以感发于西洋近代潮流者为强"，这样的倒错
致使"事实所归落与意识所倾向，两不相应"，自不能不产生冲
突。[39]在西方的冲击下，"五四"以来的中国知识分子纷纷以他
者化的目光审视历史经验与生活现场。"愚贫弱私"的乡村，被
视为阻碍中国文明进步的最大问题。在救济农民和解放农村的
抱负之下，以启蒙者姿态自居的精英阶层不断对乡村施以现代
化改造、文化植入和理想附加。

　　中国百年乡建行动的本土问题意识，一直被约束在西方原
发现代性的模式之下："民族国家区隔""城乡分峙矛盾""民主
权利争夺"，这一系列启蒙思想和表述使我们几乎完全脱离了具
体的本土经验，而陷于所谓的普适性模式当中。现代性的当代批
判在西方也蔚为大观，但其美学问题和美学革命始终都围绕着
鲜明的平等政治色彩。从文化的角度理解"现代性"，其实质就
是以西方历史为标准化发展路径的理性思考和社会运作。"可选
择的现代性"既是历史的实存，也是文化新生的基础。[40]

　　由之检视中国当代艺术乡建在理论与实践中的状态轨迹，
本土化问题的"错位"显而易见。首先需要纠偏的是：

　　1."启蒙乡村"的权力话语。在现代性所带来的"都市眼光"
的寻视下，一直以来作为正面象征的乡村在20世纪转趋负面，
本不是"问题"的乡村在现代成为"问题"。[41]中国社会之"乡土
性"命题是针对传统文化的深层结构及其对社会构造的影响——
指涉"礼俗传统""差序格局"下的文化逻辑和社会运行机制，而
绝非强调二元对峙的城乡之别或农工之别。

2."主体赋权"的艺术目标。以"当代"作为艺术之前缀，并非标示与"传统"或"本土"的决裂。如何适应情境，使较旧的和较新的元素被赋予形式并（或和谐或不和谐地）共同起作用才是"当代"的本质问题。[42]艺术与乡村当代关系的本土建构应具有自己特殊的文化逻辑和艺术语言。

"中国，正是在她自己，在她自身的历史文化中，我们才能根据她的现代化需要，作出重新发现和重新阐释。"[43]与西方因个人本位、阶级对立而以法为本，强调权利的社会秩序不同，个人生物体—集体—共识即人—社会—文化，在中国文化里是重要的连续体，而非各自区分的主体与客体。[44]本土文化传统主张从伦理本位的社会构造出发，倚重礼俗，让人人向里用力，[45]着重民生关照。而伦理本位又尤其倚重"情义"方式联结人神物事，因此中国社会之权责轻重与西方契约关系中对义务的"硬性""机械"要求不同，表现得更为"软性"和"感性"。一味因循西方当代艺术的梦想与旋律，执拗于"权利""边界"等问题，无非是成为他者有关乡村和艺术"现代化"的合法证明者及捍卫者。这些想象与复制会被本土异质化的、微观的现实生活世界所检验，露出马脚。问题意识的错位，还会导致艺术行动中主客双方身体感官的全方位失灵，即"共感"或"移情"能力的丧失。

把握住中国的问题所在才能有的放矢。外于世界问题而解决中国问题，外于根本问题而解决眼前问题，皆不可能。[46]西方当代艺术试图激活资本主义民主危机下的参与行动，因而着重强调"主体赋权"问题。与之相较，本土艺术乡建所面对的根本问题是缝补因近代社会裂变造成的"文化失调"与其波及的社会整体失能问题。围绕天人合一、城乡一体、美用一如的传统价值观念和审美特性，以中国社会现实为根据、以社会团结和人性完整为旨归，在保存中国乡土社会主体性和完整性的基础上，[47]通过"赋能授权"（Empowerment）[48]的自发共享方式实现社会整体和谐，才是中国当代艺术乡建的价值旨归和实践目标。

只有树立"整体赋能"的问题意识，才能够帮助中国艺术乡建在天下观的"心胸之知"[49]下，成就本土的观念流派、行为机制与价值关怀，同时佐证文化多样性提供的动力效应、结构关系和体制生态。

（二）农本—乡土—艺道：建构中国艺术乡建的理论"元叙事"

明确了中国艺术乡建"整体赋能"的本土化问题，方法论的重构便成为当务之急。诚如鲁迅先生所言："外之既不后于世界之思潮，内之仍弗失固有之血脉，取今复古，别立新宗。"[50]一方面我们仍需继续厘清西方前沿理论方法的脉理及践行，在对其话语权和局限性保持清醒认识的基础上，加强理论对话与交流合作；另一方面，世界不等于西方，我们也必须站在"以中国为方法，以世界为目的"[51]的立场上，从中国文化思想史与民众日常生活经验中寻求可能的理论来源，为解决本土现实问题提供新的理论范式，进而向全球输出多样性的学理资源。

彭兆荣先生在《艺者 农也》一文中指出："今天我国艺术（学）界对'艺术'概念、定义、分类、话语、学科等，多以西方 Art 为原型、为根据、为范畴、为形制、为体系。总体上未能回归中国农耕传统中的'農—艺'的本来、本义、本源、本象、本真，既未能彰显'農—艺'原始之道理，亦没能很好地善待和传承。'艺'与'農'源通意合，既是风土的产物、完整的技艺手段，亦形成了成熟的艺术符号美学。"[52]"艺"与"农"的思想资源与知识依据，为本土艺术乡建的理论建构勾勒出清晰的轮廓层次和价值取向。

农本

中华文明以农立基，"天时地利人和"之农本主义思想构成了农业社会的基本底色。与西方农本主义主要围绕"经济""财富"核心，将农业、农村、农民视为附属于城市文明"大传统"（great tradition）下的地方"小传统"（little tradition）[53]不同，中式的"原农本主义"以其天地人三位一体的养和之道，承载着中国农业思想独特的文化整体思维方式。[54]在本土历史文脉中，"农"之要义乃是表彰传统中国理想的生活方式。即便城市，"也是在以农为本的文明框架内兴起的"。[55]

"农"的甲骨文 𦦥 = 𣎵（林）+ 𨑃（辰，蜃制农具）+ 厂（手握）。关于 𨑃（辰）形的表意，一说是由坚硬锐利的贝壳制作的工具，一说为拂晓开始劳动的时辰。而金文造字 𦥃 = 田（田地）+ 𡆻（割草肥田），意指在神田共同耕作（神田是专门生产向神贡献的贡品之田）。[56]这一造字充分体现了中国农本精神的神圣性与综合性——农事与天象、气候、物候、人事组织、祭祀活动紧密联系。就经济功能而言，小农经济模式首先是自给自足，男耕女织。"耕以供食，桑以供衣，树以取材木，畜以蕃生息。不出乡井而俯仰自足，不事机智而用度悉备。"[57] 就政治功能而言，在社稷国家中，神农教耕而王天下，农为第一政治。"民农非徒为地利也，贵其志也。民农则朴，朴则易用，易用则边境安，主位尊。"[58] 就文化与审美功能而言，天有时，地有气，物有情，悉以人事司其柄。天人合一，礼序乐和，美用共生。"夫稼，为之者人也，生之者地也，养之者天也。"[59]

乡土

中式"原农本主义"的本质特征乃是土地。土地是我们的命根子，土地是最近于人性的神。因此"从基层上看去，中国社会是乡土性的"[60]。这也与西方从城市为中心的传统认知出发，将乡村（country）[61] 作为"文化的他者""他乡"[62] 的表述形式及其"落后"定位大相径庭。因此用 native（土著的、本地的）、soil（土壤、土地）、vernacular（方言的、民间的）对"乡土中国"加以分析阐释，皆是对其归旨的误读。在中国"城乡连续统一体"的结构中，西方的"城乡差别"在社会文化的意义上并没有重要地位。[63]

"乡"字最早见于甲骨卜辞，本义是在氏族聚落中进行的集体饮食活动。[64] 𨟠 = 𠂤（两人对坐）+ 𠂤（祭礼餐具），后来演化为指代领地的"皀"左右加上"邑"（村落），造成了篆文的 𨞰，用来指代乡村、乡里、故乡。[65] 所谓"死徙无出乡，乡田同井，出入相友，守望相助，疾病相扶持，则百姓亲睦"[66]。"乡土性"作为传统中国的核心价值观与文化深层结构，不仅要求人们遵循与"天时—地辰—物候"相配合的自然节律，更以血缘宗族之"情本""孝道"，组织凝结着"人—土—居—业"一体化的社会机制，构造出中国人的文化之本与生命之根，没有城乡区分，亦无雅俗之别。

任何艺术定义都不可能放诸四海皆准。从模仿论、快感论、理想论到经验论、真理论、自由论，或"艺术即理论""艺术即文本""艺术即后殖民"，西方对艺术本体及价值认知本就是一个开放性表述。罗素曾在中国的演讲中讲道："中国人有艺术的意思，有享受文明的度量，未来可以给没有休息将发狂癫以亡的西方人民一种内部的宁静，最终引世界于进步。而不仅中国，世界的再兴都靠这一特性。"[67]

农耕为本的生业方式和乡土社会的宗法制度，决定了中国传统艺道"美善相乐""美真同一"的本土特质。"艺"的甲骨文字形为"双手捧执苗木" 或"栽植苗木" 。[68] 其字源本意是种植庄稼草木，须以礼乐之制祈谷物丰收。殷商卜辞记："翌日壬，王田省桑艺不大雨。"[69] 唯能通神明之德，类万物之情，中华子孙方可在世代濡染的"和为贵，斯为美"的生活常态（生命常情）中接受并遵行礼制规范。先秦"六艺"（礼、乐、射、御、书、数）是指六种贵族子弟必备的基础技能。而"艺术"二字连用，最早见于南朝宋范晔《后汉书》卷五《孝安帝纪》："诏谒者刘珍及《五经》博士，校定东观《五经》、诸子、传记、百家艺术，整齐脱误，是正文字。"[70] "艺术"的概念涵括天文数术、方医技巧，重视技艺性，所以在中国本土文化传统中，并没有西方"艺术的艺术"和"生活的艺术"之差别。羊大为"美"，即是以"感官"与"实用"的高度统一，传递美学、伦理、社会的价值观念。

综上所述，"农本—乡土—艺道"三者历史性地形成了一个完整稳定的理论"元叙事"的结构形制。它承载着中国人对世界的本体认知、价值伦理、审美表述，甚至身体惯习。若以之作为中国当代艺术乡建的方法论框架，不仅可以消解关于"主体性"在地性的诸多限制与冲突，也能在形式、内容和情感方面给出本土艺术表达特型化的具体建议，从而成就社会"整体赋能"的行动目标。

结语

西方传统形而上学依凭逻辑化手段和绝对化的普适性真理目标，建构出与感性生活完全分离的概念世界，自明性决定于概念之间的逻辑力量。而中国传统的形而上学则将"真际"（认知世界）和"实际"（生活世界）视为"一个世界"，自明性决定于直接面对生活世界，在物我交融中领悟生命存在的洞见力量。

中国人的理性乃"平静通晓而有情"之谓也，重点恰恰在"而有情"三个字上。[71]"情本体"是通过培养一种富有意义、相互沟通的人类社群而赋予世界以价值。在中国人人生的各种关系中，家乃其天然基本关系，故又为根本所重。中国人言身家天下，进则有国有天下，退则有身有家。[72]"情本体"和"家本体"共同构成传统中国的信仰体系、利益格局和审美趋向。家园亲亲，谓人必亲其所亲也。外则相和答，内则相体念，心理共鸣，神形相依以为慰。[73]这正是中国艺术乡建走出"民族国家—精英艺术—

城乡对峙"思维闭环，沿着"整体赋能"之向度，以美感形式促成对世界的理解和对转型社会的精神与物质贡献的关键所在。

（张颖，博士、四川美术学院中国艺术遗产研究中心副研究员）

注释：

[1] 2005年中国共产党十六届五中全会通过《十一五规划纲要建议》，提出要按照"生产发展、生活宽裕、乡风文明、村容整洁、管理民主"的要求，扎实推进社会主义新农村建设。2017年中国共产党十九大报告中提出"实施乡村振兴战略"，2018年国务院印发《乡村振兴战略规划（2018—2022）》，贯彻"创新、协调、绿色、开放、共享"的新发展理念和"产业兴旺、生态宜居、乡风文明、治理有效、生活富裕"的总要求，支持农村优先发展，实现城乡融合发展。

[2] "艺术乡建"作为特指名词，最早见于渠岩《艺术乡建：许村家园重塑记》，《新美术》2014年第11期，第76—87页。

[3] 邓小南、渠敬东、渠岩等：《当代乡村建设中的艺术实践》，《学术研究》2016年第10期，第52—73页。

[4] 方李莉：《论艺术介入美丽乡村建设——艺术人类学视角》，《民族艺术》2018年1月，第28页。

[5] 李娟、毛一茗：《"在地性"观念与中国当代艺术》，《艺术评论》2020年第6期，第25页。

[6] 叶洪图、田佳妮：《乡建——浅议中国当代艺术介入社会的一种可能性》《美术大观》2018年8月，第106页。

[7] 话语体系是一个散布系统，支配话语的规则主要存在于对象（objects）、表述模式（enunciative modalities）、概念（concepts）和主题选择（thematic choices）四个构成维度中。Michel Foucault, *The Archaeology of Knowledge* (New York: Pantheon Books, 1972), p.7.

[8] 结构过程（structuring）是历史人类学的重要概念工具。一个特定区域中的个人或

群体通过他们有目的的活动，去织造关系和意义（结构）的网络，这个网络又进一步帮助或限制他们做出某些行动。而这个从行动到结构，再从结构到行动的延续不断的过程，就是历史。

[9][美]爱德华·W.萨义德：《文化与帝国主义》，李琨译，生活·读书·新知三联书店，2007，第2页。

[10] 欧宁：《理想与现实：中国知识分子的乡村建设运动》，《广西城镇建设》2013年第9期，第31页。

[11] 邓小南、渠敬东、渠岩等：《当代乡村建设中的艺术实践》，《学术研究》2016年第10期，第52—53页。

[12] 潘家恩等：《自我保护与乡土重建——中国乡村建设的缘起与内涵》，《中共中央党校（国家行政学院）学报》2020年第1期，第127页。

[13] 汤志均：《章太炎年谱长编》下册，中华书局，1979，第823页。

[14][美]费正清主编：《剑桥中华民国史》第二部，章建刚等译，上海人民出版社，1992，第384—388页。

[15] 迈克尔·赫斯提出，清末民初兴起的中国乡村建设运动是全球"乡村世界主义"（rural cosmopolitanism）的一部分。从词源上看，"rural cosmopolitanism"一词最早出现在爱尔兰，基本在大英帝国内传播，20年代中期与中国的"乡村建设"一词合流。Kate Merkel-Hess, *The Rural Modern: Reconstructing the Self and State in Republican China* (Chicago: The University of Chicago Press, 2016).

[16] 梁漱溟在1930年11月16日发表的《山东乡村研究院设立旨趣及办法概要》中，首次明确将中国的建设问题定位为"乡村建设"，并指出"起于重建一新社会构造的要求"乃是乡村建设之真义所在。乡村建设实非建设乡村，而意在整个中国社会之建设，或可云一种建国运动。梁漱溟《乡村建设理论》，上海人民出版社，2011，第9—20页。

[17] 梁漱溟：《乡村建设理论》，上海人民出版社，2011，第238页。

[18] 宋恩荣编：《晏阳初全集》第一卷，湖南教育出版社，1989，第12页。

[19] 梁漱溟：《乡村建设理论》，上海人民出版社，2011，第118—120页。

[20] 叶敬忠：《乡村振兴战略：历史沿循、总体布局与路径省思》，《华南师范大学学报》2018年第2期，第65页。

[21] 许向东：《略论文艺下乡》，《江淮学刊》1963年第4期，第44—48页。

[22] "新三农问题"指在超速城镇化和工业化过程中，农村空心化、农业边缘化、农民老龄化现象突出。

[23] 刘老石：《民间的新乡村建设运动》，《中国社会导刊》2006年第13期，第12—13页。温铁军：《新乡村建设与共建和谐社会》，《社会观察》2006年第3期，第28页。

[24] 习近平：《在文艺工作座谈会上的讲话》，《人民日报》2015年10月15日，第2版。习近平：《决胜全面建成小康社会 夺取新时代中国特色社会主义伟大胜利》，《人民日报》2017年10月28日，第1版。

[25] 习近平：《把培养和弘扬社会主义核心价值观作为凝魂聚气强基固本的基础工程》，《人民日报》2014年2月26日，第1版。

[26] 渠岩：《艺术视界——渠岩的文化立场与社会表达》，东南大学出版社，2014，第139页。

[27] 欧宁：《碧山共同体：乌托邦实践的可能》，《新建筑》2015年第1期，第22页。

[28] 焦兴涛：《寻找"例外"——羊磴艺术合作社》，《美术观察》2017年第12期，第22页。

[29] 靳勒：《艺术可以改变村庄》，《画刊》2020年第6期，第45页。

[30] 现代艺术（Modern Art）主要指从1860年到1960年间出现的艺术，它打破古典艺术的写实特征和美学定义，主张自由创造和批判精神，强调艺术独立。当代艺术（Contemporary Art）却是一个边界模糊，且手段任意的定义，不仅没有一个确定的风格，也不存在共同的美学主张，其唯一的统一就是强调观念的做法。王瑞芸：《西方当代艺术理论（一）》，《美术观察》2010年第7期，第122页。

[31] 朱青生、王林、王南溟：《中国当代艺术的国际处境》，《读书》1998年第11期，第107—116页。

[32] 范迪安：《中国当代艺术的文化情境与语言资源》，《美术》2003年第11期，第31页。

[33] 王岳川、丁方：《当代艺术的海外炒作与中国身份立场——关于中国当代先锋艺术症候的前沿对话》，《文艺研究》2007年第5期，第63页。

[34] 罗一平：《艺术家的文化身份》，《美术观察》2003年第4期，第8页。王敏《从"挪用"

和"转换"看中国当代艺术的文化策略》，《美术观察》2006年第4期，第15页。

[35] 孙振华：《当代艺术与中国农民》，《读书》2002年第9期，第70页。

[36] 费孝通：《反思·对话·文化自觉》，《北京大学学报》1997年第3期，第15—22页。

[37] 资料来源：邢晓雯《争议"碧山乌托邦"》，《南方都市报》https://m-news.artron.net/news/20140716/n594161.html 。

[38] [美]霍华德·S·贝克尔：《艺术界》(序)，卢文超译，译林出版社，2014，第1页。

[39]《梁漱溟全集》第五卷，山东人民出版社，1992，第283—284页。

[40] Charles Taylor, *Two Theories of Modernity* [Public Culture,1999(1)], pp.153—164.

[41] 梁心：《都市眼中的乡村：农业中国的农村怎样成了国家问题(1908—1937)》，北京大学博士论文，2012，第12—13页。

[42] [美]保罗·拉比诺：《摩洛哥田野作业反思》，高丙中、康敏译，王晓燕校，商务印书馆，2008，第13页。

[43] [英]理查德·H·托尼：《中国的土地和劳动》，安佳译，商务印书馆，2014，第208页。

[44] 费孝通：《对文化的历史性和社会性的思考》，《思想战线》2004年第2期，第2页。

[45] 梁漱溟：《乡村建设理论》，上海人民出版社，2011，第27—37页。

[46] 同注释[45]，第20—21页。

[47]《费孝通文集》第四卷，群言出版社，1999，第181—270页。

[48] 赋能授权(Empowerment)理念最早出现在20世纪20年代美国现代管理学领域，指一种团队管理从集权向分权方式的过渡。主张个人权利并不来自于组织中心的让渡，而是以一种自下而上的自发与共享行动，实现逆向授权。Handy, C. *The Empty Raincoat: Making Sense of Future* (New York: Random House Business, 1995).

[49] "天下赋予了人对世界的整体思考。仅仅停留于中西、中外等地域界限，是一种'耳目之知'，而'天下'实属'心胸之知'。"钱穆：《晚学盲言：国与天下》，联经出版公司，1998，第418页。

[50]《鲁迅全集》第一卷，载于《坟·文化偏至论》，人民文学出版社，1981，第56页。

[51] [日]溝口雄三《方法としての中国》，东京大学出版会，1989。

[52] 彭兆荣：《艺者 农也》，《民族艺术》2019年第2期，第93—96页。

[53] Redfield, R. *The Little Community, and Peasant Society and Culture* (Chicago: Chicago University Press.1960), p. 1.

[54] 彭兆荣、张颖：《论"原农本主义"》，《中原文化研究》，第104页。

[55][美]乔尔·科特金：《全球城市史》，王旭译，社会科学文献出版社，2010，第88页。

[56][日]白川静：《常用字解》，苏冰译，九州出版社，2010，第352页。

[57] 王毓瑚辑：《秦晋农言·知本提纲》，中华书局，1957，第1页。

[58]《吕氏春秋·淮南子》，杨坚点校，岳麓书社，1989，第241页。

[59] 同注释[58]，第245页。

[60] 费孝通：《乡土中国》，上海人民出版社，2007，第6—7页。

[61] country(乡村)一词源自contra(相对、相反)，最初指土地在观察者的眼前铺展开去。13世纪转变为其现代含义，既指大片的土地或地区，也指国土或国家。农村的(rural)和"乡村风味的"(rustic)从15世纪起被用于对乡村的物理描写，16世纪开始获得社会性含义，主要体现"质朴的"(rustic)和"质朴"(rusticity)。[英]雷蒙·威廉斯：《乡村与城市》，韩子满等译，商务印书馆，2013，第413页。

[62][英]W.J.T.米切尔编：《风景与权力》，杨丽等译，译林出版社，2014，第23—25页。

[63] 施坚雅主编：《中华帝国晚期的城市》，叶光庭等译，中华书局，2000，第114—129页。

[64] 杨宽：《古史新探》，中华书局，1965，第89页。

[65][日]白川静：《常用字解》，苏冰译，九州出版社，2010，第88页。

[66](宋)朱熹撰：《孟子集注》，齐鲁书社，1992，第66页。

[67] 袁刚、孙家祥、任丙强编：《中国到自由之路：罗素在华讲演集》，北京大学出版社，2004，第304—305页。

[68][日]白川静：《常用字解》，苏冰译，九州出版社，2010，第107页。

[69] 刘兴林：《历史与考古——农史研究新视野》，生活·读书·新知三联书店，2013，第139页。

[70]《二十四史》卷五，中州古籍出版社，1998，第18页。

[71] 梁漱溟：《乡村建设理论》，上海人民出版社，2011，第166页。

[72] 钱穆：《晚学盲言》上，东大图书公司，1996，第218页。

[73] 梁漱溟：《乡村建设理论》，上海人民出版社，2011，第27页。

基于乡村日常生活的公共空间营造

郭 龙 高小勇

摘要：乡村公共空间是建设宜居乡村的重要内容，也是提升乡村居民幸福感的重要手段。同时，作为乡村居民日常生活与使用的场所，乡村公共空间品质的优劣直接反映了乡村的视觉形象以及乡村居民的精神面貌。本文通过"日常生活"概念引入，重新思考乡村居民与乡村生活之间的关系，并通过"乡村日常生活概念及其内涵""乡村日常公共空间与日常生活""乡村公共空间现状与营造模式"，以及"日常公共空间设计原则"四个方面探讨乡村振兴战略背景下公共空间的设计与营造问题。

关键词：日常生活 乡村公共空间 空间营造

2017年十九大报告正式提出"乡村振兴战略"，至2021年初成立"国家乡村振兴局"，标志着我国的乡村建设已经进入深水区。作为一次自上而下的全国性乡村建设运动，国家通过产业、人才、文化、生态、组织五个方面对乡村进行全方位的整体性提升。但就狭义的"乡村建设"而言，则主要是指围绕乡村人居环境的整治与提升而展开的物质性空间建设活动，以及地方政府通过有序的规划设计对乡村进行目的明确的空间整治与环境美化工作。就笔者近年参与乡村建设的亲身经历来看，在这一过程中，区县与乡镇政府起着主导作用，设计单位为地方政府出谋划策，而乡村居民则更多是接受或被动参与。尽管设计单位在进行具体规划设计之前会对规划目标进行较为详细的调研工作，[1]然而在具体规划设计过程中，政府及设计单位在某种程度上仍不免有以主观愿望替代乡村居民空间需求的情况发生。部分公共空间或设施在改造后使用率低下，浪费了有限的空间资源，甚至在一定程度上造成了传统乡村风貌破坏与乡愁乡韵的丧失。正是基于上述现象，本文试图通过"乡村日常"这一概念，探讨新时代乡村公共空间使用与营造的可能。

一、乡村日常生活的概念及其内涵

（一）"日常生活"及其概念

汉语中的"日常"是指平时或经常之意，[2]而哲学和社会学意义上的"日常"（everyday）概念则是由法国哲学家亨利·列斐伏尔（Henri Lefebvre）借用马克思主义"异化"理论对人们现代生活中积极与消极因素加以分析，进而探讨人性分裂原因，以及克服人性分裂的一种方法。列斐伏尔希望通过"日常生活批判"达到改变生活的目的，通过发现生活的喜悦而"让生活变成一件艺术品"。在三卷本的《日常生活批判》中，列斐伏尔将日常生活分为"前现代""19世纪"和"'二战'后"三个阶段。"前现代"对应的是以农业生产为基础的社会结构，人们有着较低的物质生活保障，生活节奏较为缓慢；"19世纪"是指第一次工业革命完成，人们享受机器生产带来的便利，同时也被机器及其伴生的技术理性所改造；"'二战'后"则是指经济重建与第三次工业革命推动西方资本主义社会发展，并逐渐进入到被技术殖民与消费所控制的"科层社会"（bureaucracy society）。[3]列斐伏尔的批判理论奠定了"日常生活"研究的基础，并对当代城市发展与建筑设计产生了一系列重要影响。

20世纪匈牙利新马克思主义哲学家阿格妮丝·赫勒（Agnes Heller）继承了匈牙利哲学家格奥尔格·卢卡奇（György Lukács）关于日常生活世界和艺术、科学关系的基本思想，侧重于对社会微观结构与大众日常生活的人道化研究。在《日常生活》一书中，赫勒以"个体再生产自身"以及"个体再生产社会"为出发点，将"日常生活"定义为"旨在维持个体生存和再生产的各种活动的总称"。[4]赫勒总结了日常生活的三种基本特征：首先，日常生活具有重复性，是以重复性思维和重复性实践为基础的活动领域；其次，日常生活具有自在性，是以给定的规则和归类模式理所当然、自然而然地展开的活动领域；最后，日常生活具有经验性和实用性。[5]赫勒精确地概括了日常生活的层次与特征，为微观日常生活的空间研究指明了方向。

（二）乡村"日常生活"的概念生成

就日常生活内容而言，赫勒将其划分为"日常消费活动""日常交往活动"和"日常观念活动"三个基本层次。[6]其中，"日常消费活动"包括衣食住行等以个体生命延续为目的的日常生活资料的获得与消费活动，是日常生活世界的基本层面；"日常交往活动"包括杂谈闲聊、礼尚往来、情感交流、游戏等以日常语言为媒介，以血缘关系和天然情感为基础的交往活动。随着科学技术的发展与物质财富匮乏问题的相对缓解，人们的日常交往活动会愈加频繁、丰富，由此构成人的日常社会活动；而"日常观念活动"则是一种非创造性的、以重复性为本质特征的自在的思维活动，它包括传统、习惯、风俗、经验、常识等自在的日常思维。[7]赫勒的"三个基本层次"是对现代生活方式与具体生活内容的总结，是基于人的基本物质与精神需求而建构的真实的此时此地的生活方式，从而跨越了文化、地域与国家制度的差别。

列斐伏尔与赫勒的主要研究对象是现代生活中的都市人群，其理论也是基于"城市日常"而展开。那么"日常生活"理论是否也能应用于乡村呢？答案是肯定的，日常生活作为一种研究理论，既适用于城市，也适用于乡村，其可行性可以概括为以下两个方面：

其一，日常生活作为一种理论，其研究对象是确定的，即社会与经济生活中的人。列斐伏尔的日常生活批判三个阶段分别对应了农业社会、工业社会和商业社会三种类型，只是列斐伏尔的重点研究对象放在了现代城市人群的日常生活上。

其二，无论城市日常生活还是乡村日常生活，二者的研究内容是一致的。乡村是农业社会的自然载体，是当代中国城乡融合中的一极。当前，我国正处于现代价值观念与城市生活方式逐渐向乡村渗透和下沉的历史阶段，乡村生活也正变得丰富与多元。

（三）乡村"日常生活"中的空间与时间

"日常生活"的活动不是人的观念活动，它需要借助于具体的空间而开展，是个体在平常生活中直接接触的环境。如果将赫勒对于日常生活的定义应用到乡村的日常场景中，那么与之相对应的便是"日常空间"。即"日常消费活动""日常交往活动"和"日常观念活动"得以展开的场所。

总体而言，"日常交往活动"构成了乡村日常生活的主要部分，甚至某种程度上乡村的"日常消费活动"与"日常观念活动"也往往通过"日常交往活动"而得以实现。在具体的"日常交往活动"过程中，交往主体与对象需要依托乡村公共空间而展开，并在一定程度上受到"日常观念活动"的影响。此外，乡村公共空间由于受到地域、气候、地理条件，以及文化、风俗、习惯等人文因素的影响，也会呈现出不同的空间形式与结构特征。积极的公共空间可以形成并促进乡村居民的和谐生活，而消极的公共空间也会在一定程度上阻碍日常的交往行为的发生。

与城市中的日常空间相较，乡村"日常空间"因乡村本身的封闭性与稳定性而具有静态特征。与"日常空间"相伴的"日常时间"也往往具有循环性与节律性特征，如与生产相关的"季节"、与年龄相关的"岁"，以及表达近期安排或计划的"旬"或"天"等。对于个体来说，乡村的"日常时间"是从生到死的自然流程，对于群体而言，则是族群或乡村居民世代延续，不断循环的过程。"日常生活往往给人一种恒常、凝固的印象，生生不息而又循环往复、世代绵延，似乎亘古不变，漫漫的日常时序似乎凝固成一幅宁静的画面"。[8]

二、乡村日常公共空间与日常生活

　　"日常"意义上的乡村公共空间主要是指在乡村日常生产、生活中用来进行集会、交流和举行公共活动的场所，有容易聚集且使用频率较高的特征。前文已述，乡村日常生活可分为"日常消费活动""日常交往活动"和"日常观念活动"三种类型，而与之相对应的空间则是"日常消费空间""日常交往空间""日常观念空间"。具体到乡村内部，"日常消费空间"是指购置小件日常生活用品的场所，如商店、餐馆、菜店等；"日常交往空间"是指可供休憩、交谈和娱乐的具有公共性质的场所，如茶馆、棋牌室、村活动室等室内空间，以及街边、街角、廊亭、晒场、台坝、溪岸等室外空间；"日常观念空间"则是指举行祭祀、节庆或风俗活动的祠堂、戏台、公所、场院，以及固定的场地或路线等。

　　我国幅员辽阔民族众多，地方文化与生活环境差异大，各地聚落形态与民居形式也有较大差别，因此乡村公共空间也呈现出不同的地域特征。如华北平原的乡村大多经历过系统的自上而下的规划，村落格局常常以网格状展开，早期规划也没有留出公共空间供乡村居民聚集与交流。遇到关系乡村居民集体利益的公共活动则会选择在村委会或小学校进行，而茶余饭后的休憩或偶发性交流则会选在距家较近的道路交叉口或约定俗成的区域进行（图1）。地理位置较为偏僻的山区村落往往依据地势条件展开村落布局，而历史悠久的村落会呈现出较为有序的形态，并因传统文化及宗族生活方式建造有宗祠、公所、戏台、村庙等公共设施，西南及东南地区的古村落还会在村口河道设置廊桥、

图1　山西省广灵县涧西村

磨坊、凉亭等公共建筑（图2）。没有经过规划的山区村落往往呈现出自然散布的状态，公共空间则视具体情况而定，常常选择在较为平整、开敞，且交通易达的区域。此外，不同的公共空间依据其所在位置及场地特征也有不同的使用时段与不同的使用对象。在乡村日常公共生活中，方便交通的巷口、村口，临近取水或用水的井口、河道、池塘等滨水地段，以及村内多户相交的开敞处都是乡村居民经常聚集的空间。

　　从空间认知上来说，乡村空间多具有扁平化与相似性的特征。人们对于空间的感受常常通过使用前后、左右、上下、远近等以个人身体为尺度的相对性词语进行表达，描述空间距离的时间也不精确。从空间特征上来说，与城市空间的丰富多样相比，乡村公共空间有着单调与同质、固定与封闭（非物理性封闭，

图 2 重庆市北碚区柳荫镇东升村改造后的村口空间

而是指对外交流的闭塞）等特征。

　　作为熟人社会，乡村居民对于传统生产、生活逻辑有着共同的理解，并随着长期稳定的相伴与互助关系，进而形成一种浓厚的邻里情谊。因而，对于乡村居民来说，公共空间是乡村日常活动与聚会的场所，正是在日常交往与公共生活中个体才能融入群体，并形成统一的、具有共识的社会。因此，乡村居民的个体生活并不单纯地属于他自己，而是属于具有"社会联系的一群人"。[9]美国社会学家阿尔弗雷德·舒茨（Alfred Schutz）也认为，"日常生活世界"由人组成，其本身没有意义，意义只存在于人的感受之中，因而它是人的主观经验所组成的意义的世界。日常生活世界是人们主观上所共同拥有的世界，是人们在主观上的共同性所形成的群体生活，生活在不同社会和不同文化中的人们具有不同的生活世界。[10]因而，从某种程度上来说，营造良好和积极的日常生活场所是构建乡村和谐生活的重要手段与途径。

三、乡村公共空间现状与营造模式

由于我国乡村管理与组织模式的特点，传统乡村已经失去了自我建构公共空间的动力。现阶段的"乡村振兴战略"是一种自上而下的乡村建设方式，在人居环境建设方面并没有完善的理论指导与规划设计体系。地方政府扮演着"业主"与"媒婆"的角色，往往通过国家或地方划拨与筹集资金的方式完成乡村人居环境改造工作，并通过鼓励或引入社会资本完成乡村产业的升级。在规划设计过程中，尽管地方政府与设计方会以"生态宜居"与"乡风文明"为原则，但在一定程度上仍然会导致事与愿违的经济与空间浪费。即使乡村居民能够参与某些规划设计与建造过程，也会因无法明确地表达空间诉求而产生大量消极空间。因此需要设计单位使用人类学的方法对乡村居民及公共空间进行细致调研与耐心观察，熟悉村民的日常生活习惯及空间使用方式后再进行具体的空间规划与方案设计。

就具体的乡村公共空间营建而言，其手段大致可归为"改造"与"新建"两种类型，且常常在同一项目中交叉使用。前者往往基于村落中原有废弃或闲置的建筑与场地进行再设计，并通过改变原有空间性质与植入新的功能为乡村居民提供交流与聚集的场所；后者则是通过择址新建的方式构建满足乡村居民所需

图3 山西省广灵县涧西村改造设计1

图4 山西省广灵县涧西村改造设计2

图5 杭州富阳东梓关村民活动中心1

图6 杭州富阳东梓关村民活动中心2

的公共空间。两者相较，"改造"模式可以较多地保留乡村居民的生活记忆，从而产生亲和与认同感。如在"山西省广灵县涧西村改造设计"中，中国乡建院的设计师根据当地气候和传统，选用当地易得的材料与平实的建造工艺，以"适用"为原则进行乡村公共空间的营造，进而消化了原有废弃空间，激发了乡村的活力（图3、图4）；而"新建"模式则以设计师对于乡村的个人理解为基础，形式建构上往往具有创新性，为传统氛围增添更多异质性成分，进而成为乡村亮点（图5、图6）。

图7（左图）酉阳县花田乡何家岩上寨村口废弃的水磨凉亭 2021年
图8（中图）酉阳县花田乡何家岩上寨被私人占用的休息亭 2021年
图9（右图）酉阳县花田乡何家岩上寨废弃的休息设施 2021年

　　然而，要想成功激发乡村公共生活的活力，一方面需要设计师贴合居民日常生活需求进行空间建构，另一方面也要看改造或新建的场所是否会得到乡村居民的认可（即日常的使用状况）。如果仅对于乡村公共空间进行环境整治或修建一些乡村居民日常并不需要的构筑，则很难将其视为成功的乡村设计。当下许多改造后的公共设施和公共空间就因使用率低下，久而久之便处于废弃或闲置状态。这些忽视乡村居民生活习惯与空间诉求的设计不仅造成了大量建设资金的浪费，同时也对原有的村落风貌造成了破坏，反而加剧了乡村的衰败感（图7—图9）。

四、乡村日常公共空间设计原则

"日常交往活动"与"日常观念活动"是乡村生活的核心内容，因而乡村日常空间的建构也应以服务日常交往与日常观念活动为主。此外，我们也应该看到，当下我国乡村人口结构正处于变动期，乡村的空心化与人口重组将是社会发展过程中的普遍现象。因此，公共空间的建构既应考虑现有乡村居民的物质与精神生活需求，也应为乡村将来的产业发展与人口回流创造有利条件。综合上述考虑，乡村公共空间的设计应遵循以下几个方面的原则：

（一）契合"善"的情景营造

赫勒的"日常生活"理论受到现象学提出的"回到事情本身"的影响，同时赫勒也续接了亚里士多德在《尼各马可伦理学》中所提出的"良善生活"（good life）的观念。[11]按照亚里士多德的理解，人的每种实践与选择都以某种善为目的，只不过善有时是通过活动本身，有时则是通过活动以外的产品来实现。在亚里士多德看来，一种自足的完满的善意味着人不是孤独地生活，而是与父母、儿女、妻子，以及朋友和同邦人进行共同社会生活的状态。[12]换言之，善的实践是获得幸福的重要途径，而幸福则是人所有活动的目的。同时，幸福作为人们所共同追求的事物，也需要对自己的言行进行规范，而这种对于自我的约束便是人的德行。

中国作为一个较早进入到农业文明的国家，在汉代之前便形成了一套较为完整的道德律令。[13]传统文化中对于"善"的概念也有清晰、完整的描述，如《孟子》卷十一《告子上》记载：人有"四端之心"，即"乃若其情，则可以为善矣，乃所谓善也。若夫为不善，非才之罪也"。[14]孟子认为人生来就有"善"之心，并通过"仁、义、礼、智"的后天学习与教化就可以达到善的状态。

在日常生活中，个体会以多种方式使自身对象化，并通过塑造其所在环境而塑造自身。这与建筑学理论中"人改造环境，环境塑造人"是同样的道理。"善"不仅是个体获得幸福的关键，对于国家而言，善有着稳定社会治安的重要作用。从社会发展的角度讲，"善"是乡村社会再生产的保证，即"如果个体要再生产出社会，他们就必须再生产出作为个体的自身。我们可以把日常生活界定为那些同时使社会再生产成为可能的个体再生产要素的集合"。[15]因此，乡村公共空间的建构与营造应以"至善"为理想，以促进乡村稳定与持续发展为目的，贴合乡村居民日常生产生活需求进行设计。通过提升乡村居住环境品质与重塑场所精神，进而关照居民精神生活，提升乡村居民的幸福指数；通过建构乡村公共空间，促进乡村居民的交流与沟通，达到和善邻里、融洽宜居的境界。

（二）延续乡村地域文脉

与现代快节奏的都市生活不同，乡村固有的凝滞性决定了乡村空间风貌的持久性，而乡村时间也具有典型的循环性或轮回性特征。在现代生活观念干扰较少的地区，乡村生活在某种程度上依然保持了"前现代"的特质。祖先曾经生活的地方也

图10 黔江沙坝乡民居旁的坟墓 2020年　　图11 酉阳县苍龙镇石泉苗寨乡村居民家中
　　　　　　　　　　　　　　　　　　　　"天地君亲师"牌位 2019年

是后辈的生活之所，生者与死者常常处于同一时空之中（图10、图11）。此外，对于个体来说，城市因其多样的空间特性以及庞大的人群数量更多地表现为复杂性与陌生化，而乡村则是一个由宗族或血缘关系建立起来的熟人社会。人们长期生活在一个相对固定的区域内，并有着较为稳定的社会关系，从而产生一种天然的互信感。因此，保持乡村的这种"熟识性"对于世代生存于此的居民来说是一种潜在的心理关怀，而这种熟识就展现于乡村的历史文脉，以及作为记忆载体的公共空间之中。

　　就地域文脉而言，每个村落都会因地理位置、气候条件、历史文化、居民构成、生活方式、生产条件、经济状况等方面的差异而形成独特的村落结构与空间特征，并长久地存储于个体与群体的记忆之中。法国哲学家阿尔贝·加缪（Albert Camus）在《西西弗神话》中曾说，一个哪怕用极不充分的理由说明的世界仍然

图12 柳荫镇东升村王家坝王氏宗祠 2019 年　图13柳荫镇东升村山坡上的神龛 2020 年

是一个熟悉的世界，而一个无法说明的世界则是荒谬的。人与家乡的关系就犹如演员与舞台的关系，"失去家乡记忆的人，将丧失对未来世界的希望，一旦世界失去幻想与光明，人们就会觉得自己是局外人，如同被放逐一般"。[16]人只有在熟悉的环境中才能获得心灵的慰藉和生命的安全感，如同演员与背景是一体的，乡村居民与乡村也是合一的。基于这一关系，乡村建设就不是环境的整治与美化问题，而是文化认同与日常生活的构建问题。那些承载着历史想象与家族记忆的构筑都应予以保存，对于那些具有抚慰精神与慰藉心灵的场所也予以尊重（图12、图13）。

　　至于地域文脉的延续问题，则要求设计师在规划之前，详细了解乡村聚落的历史与演变过程。尊重乡村居民日常生活秩序与乡规民俗，通过公共空间设计引导居民健康生活。在具体公共空间更新与改造过程中，不以拆除老建筑为手段，而是以保持

"原乡原色"（历史性与原真性）为目的，延续原有村落格局与保持原有建筑特色；通过有序更新的方式，让乡村居民在熟悉、稳定的环境中继续生活；通过部分或局部空间改造，将废弃及破败的民居与家畜圈舍转化为服务居民日常生活的公共场所，为乡村居民提供茶余饭后聚集地的同时，也可以营造一种亲切与友善的乡村氛围，成为外来游客体验乡村生活、感受乡村美景的媒介。

（三）重塑场所留存记忆

古今中外，每一种文化都有其空间载体以及与之相对应的空间形式。反过来说，每一种空间形式也都会促成一种地方文化的生成，如西方城市中的广场便与其早期的城邦制度相适应，而中国传统的市坊里巷则与封建时代的城市管理制度相吻合。同样，不同时代的制度与观念转变也会产生新的空间形式与建筑类型，那些历史上特定时期修建的建筑物也承载着特殊的文化记忆。

现阶段，我国以宗族和血缘关系为纽带而建立的传统乡村因受到城市消费主义的影响正逐渐瓦解，传统公共空间已经无法满足乡村日常公共生活的需求。当下大部分乡村缺乏既有历史记忆又贴近日常的公共空间，同时乡村也需要新的空间形式体现新时代的乡村精神（个体参与公共生活，以及个体通过参与集体活动而获得更好的精神状态）。基于上述情况，乡村历史建筑的利用与改造不仅可以解决乡村公共空间的稀缺问题，同时也可为历史记忆的保存和传播起到促进作用，并为引导一种基

图14　改造后的"柳荫艺库"入口区域　　图15　改造后的"柳荫艺库"粮仓室内

于地域的乡村公共文化生活提供可能。

　　除传统地域民居建筑外，我国乡村保留着数量众多、类型丰富的历史建筑和构筑物。如20世纪50年代至80年代，在社会主义计划经济体制与战备思想指导下我国开始实行"交公粮"制度，同时几乎在全国的乡镇都建设了收储粮食的粮站。2005年起，国家为农民减负，取消了农业税，"交公粮"制度也被一并废除，随之大部分乡村粮站遭到拆除或处于废弃状态。粮站作为我国特定历史时期的产物，其最初的社会功能已经丧失，但粮站作为时代的记忆却已经深深植根于乡村居民的记忆中。作为计划经济时期的建筑代表，粮站具有重要的历史价值与社会价值。

　　以重庆市北碚区柳荫镇国有粮站改造为例。自2019年开始，在校地合作的背景下，四川美术学院与柳荫镇政府展开合作，共同推进乡村建设活动。在多方协商及学校师生的共同努力下将已经废弃的柳荫粮站改造为兼具乡村美育教学与村镇居民共用共享的公共空间。在具体改造设计过程中，设计者将粮仓作为柳荫镇居民记忆的重构之场，通过艺术主题植入与相关艺术活动，进而重新激活人们对于往昔的记忆。通过缅怀那段逝去的历史，重塑当下的新时代乡村文化生活。改造后的粮站重新焕发了生机，许多已经搬离粮站的退休职工也陆续返回。现在的粮站不仅成为周边居民日常休闲与镇政府举办文化活动的场所，同时也成为沟通城市与乡村的重要桥梁（图14、图15）。

（四）以朴实与自然为美

　　与城市不同，乡村的自然特征与文化传统已经决定了其自然的审美底色。相较而言，乡村历来都是"朴实"与"真诚"的代名词，和"精致"与"喧嚣"的城市生活相对应。千百年来，不同地域的乡村居民基于日常生活需求、自然条件与文化传统进行自己的家园建设，自发地形成了各具特色的村落景观。因而，在乡村建设过程中设计师不应将城市审美意向强加于乡村，应以原貌为本底塑造乡村真实、自然的形态美。

　　当然，时代在发展，人们的审美观念也在发生变化。在城乡融合的背景下，人们越来越多地受到城市生活与现代价值观念的影响，工业技术与新型建筑材料的出现也为乡村建设提供了更多可能。这种情况下，我们需要一种新的审美理念应对新型建筑材料与传统民居建筑形式、现代乡村生活需求与原有村落景观之间的协调关系。美国新实用主义美学家理查德·舒斯特曼（Richard Shusterman）曾提倡一种"实用主义美学"，这种美学"强调艺术的工具价值，强调审美经验与日常生活经验的连续性，取消高级艺术与低级艺术之间的区别"。[17]在某种程度上，舒斯特曼的实用主义美学与乡村审美有着相似的内涵，即乡村建设应基于居民日常生活需求，而非那些只具视觉美感但没任何实用价值的装饰物。设计师在进行乡村规划时，既要考虑乡村居民的空间诉求与经济性，又要考虑新材料与新技术介入乡村时对于原有村落景观造成的负面影响。

在进行具体公共空间设计时，同样应以实用主义与自然审美的双重标准进行衡量，既反对挪用城市审美标准改造乡村，也反对套用某种传统样式将乡村符号化，避免主观地将乡村拖入某种固定的程式化审美之中。在形式语言上，设计师应尝试沿用或改造传统地域建构手法，以简洁与实用为目，以在地而非舶来、简洁而非繁复、和谐而非对比为原则，真实而非虚假地进行营建活动。在材料选择上，应尽可能采用当地传统或易得的材料，谨慎地对待新材料的使用——它们可以起到点睛与对比的效果，但不加限制地使用则会破坏原有乡村的诗意与氛围。在色彩控制上，应与所在环境相协调，避免通过简单强烈的色彩涂装，改变乡村风貌。和谐、质朴与自然才是乡村的审美标准，才是乡村的原真状态。

（五）居民参与乡村营建

尽管乡村建设的内容是物质性的，但其使用的主体却是乡村居民。因此，乡村公共空间设计应以居民为服务对象。一方面，设计者在进行具体规划设计之前应对乡村居民的日常生活习惯、公共活动方式，以及将来的空间需求进行细致研究；另一方面，作为乡村主体的居民应积极参与家园环境的营造工作，而不是作为漠然的旁观者。

德国哲学家马丁·海德格尔（Martin Heidegger）认为，居住与建筑之间是目的和手段的关系。人似乎只有借助建筑才能达成居住的目的，因而建筑活动本身就是以居住为目的，尽管并非所有的建筑物都是住房。[18] 在海德格尔看来，建造即是人类栖居于大地的一种方式，而在现代城市生活中，居所的建造与居住者之间的关系已经相分离，居住与工作也不再是同一地点。为提高生产效率人们被刻意训练从事某种特定工作，并被现代性的生产关系与生活方式所异化，非日常性的生活充斥着日常生活的方方面面。然而，乡村却在某种程度上仍然保留了居住与建造、工作与生活的统一性。因此，在乡村建设过程中，地方政府与设计单位应积极与村民沟通，引导并激发乡村居民的共建意识，鼓励他们参与自己的家园建设。乡村居民只有参与到家园建设之中，才能建立起文化自信与家乡自豪感，同时减少政府在乡村建设过程中的阻力，进而形成乡村振兴的良性循环。

（六）节庆与事件策划

一方面，与城市的变动性相比，乡村是一个相对静止的社会。熟人关系与稳定的生活环境注定了乡村日常的重复性与确定性，同时也意味着乡村生活的平凡和缺少活力的氛围。对于乡村个体而言，尽管其生命历程囊括了生老病死、婚丧嫁娶等重要人生事件，但大部分的日常生活仍是宁静、无聊的。当长久地面对"一成不变"的熟悉环境时，即使再优美的景色也会变得视而不见。因而，在传统乡村生活中，我们可以看到乡村居民对于节庆的喜悦与热情。正是那些既定的各种节庆活动，对单调乏味的乡村生活起着有益的调节作用。此外，乡村居民对于外来人的热切关注也是他们面对平淡日常的积极回应。

另一方面，我们也可以看到，现阶段城市对于乡村人口仍具有强大的吸纳能力。随着青壮年及儿童人口向城市的转移，大部分乡村仍将处于衰退状态，而留守老年人口的增加更为乡村平添了落寞之感，即便电视与手机网络的普及也无法改变他们单调乏味的日常生活。因此，地方政府与社会团体应通过举办各种形式的节庆或公益活动以丰富乡村生活，而公共空间的营建也可为各种公共活动与乡村居民的日常交往提供聚集和交流可能。此外，优美的乡村环境与和善的氛围也会为外来游客提供落脚与休憩的场所，为平淡的乡村日常增添更多的乐趣。

五、乡村日常空间营造的展望

乡村公共空间的营造不仅为乡村居民提供活动与交流的场所，更是重构一种属于当下的乡村生活世界，通过日常概念的植入，进而重塑传统乡村的文化内涵。如果说列斐伏尔"日常生活批判"的目的是通过超越、反抗、抵制日常而达到都市生活的自由和解放，那么"乡村日常"则是以建构空间的方式重塑乡村生活。总而言之，基于乡村日常的公共空间建构应以满足和服务乡村居民日常生活为目标，在尊重原有乡村生活秩序和保持原有村落空间格局的基础上，通过延续乡村文脉而留存历史记忆，通过反思现代而回归传统审美价值，通过空间建构而再现乡村优美和谐，通过参与公共生活而重构个体生活世界。

（郭龙：四川美术学院讲师，高小勇：重庆文理学院副教授）

注释：

[1] 一般规划设计前的乡村调研工作，大致分为"历史人文""物质环境"与"生产生计"三个方面。历史人文方面包括：历史沿革、文化传统、族群关系、宗教信仰、风俗习惯等；物质环境包括：自然条件、地势地形、村落格局、民居形式、院落景观、公共空间、道路交通、农田林地、河流水源等；生产生计方面则包括：传统产业、农产作物，以及传统手工艺等。

[2] 辞海编辑委员会《辞海》，上海辞书出版社，2009，第1893页。

[3] 在列斐伏尔看来，"二战"后的发达技术社会，包含着技术、市场、消费等对日常生活的影响和塑形。我们生活在被资本和商品操控的社会中，我们的日常需求是一种虚假的需求，一种被人为制造的需求。都市日常生活表现在商品的生产以及消费的过程中，或者说是商品的生产和消费造就了现代生活，商品在各环节都将人裹挟其中，无法逃避。因而，人们需要通过对其批判而发现自身的真实愿望。

[4] 赫勒认为，没有个体的再生产，任何社会都无法存在，而没有自我再生产，任何个体都无法存在。因而，日常生活存在于每一个社会之中，每个人无论在社会分工中所占据的地位如何，都有自己的日常生活。[匈]阿格妮丝·赫勒：《日常生活》，衣俊卿译，重庆出版社，1990，第3页。

[5] 杨建华：《日常生活：中国村落研究的一个新视角》，《浙江学刊》2002年第4期，第79—84页。

[6] 与日常生活世界对应则是"非日常生活"领域，其内容可以归结为两个主要领域：其一，是以政治、经济、技术操作、经营管理、公共事务等有组织或大规模的社会活动领域；其二，以科学、艺术和哲学等自觉的人类精神生产领域或人类知识领域。非日常生

活因其复杂性与多样性特征，往往需要在城市中才能展开，而狭小封闭的乡村空间则无法满足其要求。

[7] 同注释 [5]，第75—80页。

[8] 衣俊卿：《文化哲学十五讲》，北京大学出版社，2004，第264页。

[9] [法]亨利·列斐伏尔：《日常生活批判》，叶齐茂、倪晓辉译，人民出版社，2007，第28页。

[10] 同注释 [2]。

[11] 同注释 [4]，第238页。

[12] 亚里士多德：《尼各马可伦理学》，廖申白译，商务印书馆，2003，第19页。

[13]《管子·牧民》中有"国有四维，一曰礼，二曰义，三曰廉，四曰耻。礼不逾节，义不自进，廉不蔽恶，耻不从枉。故不逾节，则上位安。不自进，则民无巧诈。不蔽恶，则行自全。不从枉，则邪事不生"的记载。《白虎通义·三纲六纪》中则提出"三纲者，谓君臣、父子、夫妇也"。东汉·王充在《论衡·问孔》中则有"五常之道，仁、义、礼、智、信也"的说法。此外，孔子、孟子、朱熹等一批儒家学说更是将传统道德观念提升到了人生观与价值观的高度，传统道德观念历经2000多年的发展过程已经深深扎根于中国人的文化基因之中。

[14] 杨伯峻：《孟子译注》，中华书局，1960，第259页。

[15] 同注释 [4]。

[16] [法]阿尔贝·加缪：《西西弗神话》，杜小真译，商务印书馆，2018，第9—10页。

[17] [美]理查德·舒斯特曼：《生活即审美：审美经验和生活艺术》，彭锋译，北京大学出版社，2007，前言。

[18] [德]马丁·海德格尔：《诗·语言·思》，彭富春译，文化艺术出版社，1990，第131页。

社会参与式艺术的"作者"问题[*]

李竹

摘要：本文通过艺术史、印刷史以及版权史的梳理，认为传统的"作者"概念具备三重意义竞合：即事实层面、观念层面以及法律制度层面。社会参与式艺术对传统的"作者"观发起了挑战，不仅在事实层面和观念层面对"作者"进行了消解，而且在法律制度层面造成了著作权的归属困境。

关键词：社会参与式艺术　作者　著作权归属

引言

20世纪80年代末以来，在女性主义、反种族主义以及生态环保主义等社会思潮的影响之下，世界各国发展出公共艺术的新样态——不是受政府委托而制作的纪念性雕塑，也不是将美术馆的作品放大后安置于某个公共空间，而是从具体的社会问题出发，与不同的社群合作，强调参与、对话、协商以及行动，激发参与者的能动性，较为鲜明地呈现出"社会转向"（Social Turn）的特征，这一新类型公共艺术，被称之为"社会参与式艺

* 基金项目：2020年重庆市艺术科学研究规划重点项目"社会参与式艺术的批评话语及其问题域"（20ZD05）阶段性研究成果。

术"（Socially Engaged Art/Participatory Art）。[1]

目前对于社会参与式艺术的国内外研究，在研究方法上主要使用关系美学、对话美学等范式进行审美合法性的确证[2]；在研究范围上主要集中于探讨其与前卫艺术的关系或者聚焦于个案的分析[3]。近年来随着中国艺术现场出现了大量类似的实践，对其学术讨论开始逐渐深入，既有从公共艺术的脉络出发去寻求社会参与式艺术出现的合理性，也有从艺术与社会之间的关系出发进行的思考。[4]然而，对于这一艺术类型，主体性的探讨稍显不足，所谓"参与式艺术"的作者是谁？是提出想法的艺术家，还是参与过程的普通人？抑或是相关的合作者？也就是说，社会参与式艺术有着何种复杂的知识生产和复合的意义生成，目前暂未看到深入的分析。

有鉴于此，通过对"作者"概念的知识考古，笔者认为传统的"作者"观具备了事实行为、观念形态以及法律制度三个层面的意义竞合，而社会参与式艺术对传统的"作者"观发起了全新的挑战，不仅在事实层面和观念层面对"作者"进行了消解，而且在法律制度层面造成了著作权的归属困境。

一、传统"作者"观的意义竞合

"作者"概念的形成经历了文艺发展史、书籍发展史和版权发展史的多重合力，既是物质形态的生命体，也是观念形态的抽象符号，兼具哲学意义、艺术创作意义和法律意义的多重指称。

从词源上考察，古希腊时期，"作者"（author）的概念仅是一个雏形，据维柯的考察，柏拉图将诗人视为"创造者"[5]。到了14世纪中叶，"作者"的概念才开始逐渐形成。"author"来自古英语"auctor,autour,autor"，意为"父亲、创造者、带来……的人、制造或创造……的人"。而古英语则有两个源头，一个是12世纪的古法语"auctor,acteor"，意为"originator发起人、creator创造者、instigator发起者"，另一个直接源头是拉丁语"auctor"，意为"发起人、制作人、父亲、祖先；建设者、创始人；值得信赖的作家、权威；历史学家；表演者、实干家；负责人、教师"，字面意思是"使之成长的人"，过去分词是augere，词根"aug-"有"增长"的意思。到了14世纪晚期，其含义具体化为"作家、陈述书面陈述的人、写作的原作者"（区别于编译、翻译、抄写等），这一时期，它的含义还包含了作为"权威信息或观点的来源"之意，因为auctor也是权力（authority）一词的词源。

　　为什么"作者"的现代意义建构是从14世纪开始的呢？通过考察书籍与印刷的发展历史，笔者发现这一时期是从书面文化向印刷文化转变的关键时期。在早期的口头文化时代，行吟诗人将民间文学代代相传，诸如《伊利亚特》与《奥德赛》的作者，维柯就认为所谓的"荷马"，并非指某一个单独的个体，而是一个集合的概念，这与后世基于印刷文化上建构的现代版权意义上的"作者"完全不同。[6]根据凯尼恩通过对美索不达米亚、埃及和克里特岛等使用文字情况的考证，他认为在公元前7世纪至前6世纪，希腊的文学传播途径已经有了手抄本，这种手抄本使用了发源于埃及的沙草卷[7]，受材料与技术的制约，这种早期的手抄本是零星而稀少的。到了公元5世纪，沙草卷开始逐渐被羊皮纸或者牛皮纸所取代，这种新的材料为手抄本的广泛传播奠定了物质基础。由于中世纪宣扬宗教教义的需求，手抄本成为圣经、福音书、祈祷书、文典、历书等的主要载体。手抄本的出现为作者身份的确立提供了契机：当作品以文字的形式呈现出来时，有可能也随之记载了作者的名字并流传下来，作者不再是匿名的状态，而是具备了指示性的功能。书面作品为作为个体的作者带来比口头传播更广的阅读群体，从而成为推广、传播的新形式。到了14世纪，手抄本已经广为流传。由于以手抄的形式制作图书规模有限，客观上要求新的技术以改进这一传播途径。根据研究，14世纪的欧洲部分地区已经有中国的活字印刷术传入。15世纪三四十年代，德国人谷登堡改进了印刷术，一次排版可连续印出多张，方便且成本低廉，因此这一技术获得了广泛的传播[8]。此后，大量书籍进入流通领域，带来了阅读需求与销售市场。印刷本的出现极大地促进了印刷业的发展：一方面，促进了"作者"独立意识的产生。作者掌握了原始版本的话语权，能够确定是否进行复制和翻印，从而将原本从属于印刷出版商的作者权利解放出来。另一方面，印刷本的形式还进一步强化了作者的独创性，作者的名字借助于印刷文本的稳定性与其作品紧密相连，从而形成所指与能指的对应关系。

　　福柯在《什么是作者？》一文中认为："只有当话语可以成为侵越性（transgressive）时，才真正开始拥有作者。"[9] 也就是说，当作品成为作者的私有产权、对作品的侵犯意味着对个人财产权的侵犯时，现代意义上的"作者"才完全确立。18世纪，受启蒙思想家洛克保护财产权思想的影响以及出版业的飞速发展，英国制定了世界上第一部版权法——1710年《安娜法》。该法首次从法律上将作者确定为版权的主体，认可作者对其作品享有排他性的权利，这也标志着现代著作权制度的诞生。[10]随后，1790年美国制定了《版权法》，法国分别于1791年制定了《表演权法》和《作者权法》，进一步明确了作者在著作权法中的核心地位并强调了作者的精神权利。

至此，现代意义上的"作者"的概念经由文学、书籍印刷最后到版权制度正式获得了确立。但是，"作者"的确立并非意味着其与"艺术家"（artist）有一种必然的联系，也并不意味着"作品"与"艺术家"之间是理所当然的对应关系。因为只有当艺术品不再只服务于宗教或礼仪目的而是获得了独立价值时，人们才会将艺术家的名字记录下来并与艺术品联系在一起。因此，这里的"艺术家"成为"作者"并不仅仅指事实层面上的某个艺术家进行了创作的行为，而主要是指"艺术家"作为一个独立的群体获得了"作者"之名。

考察"艺术家"的英文"artist"的由来，我们发现：在古希腊时期，艺术被归于手工艺的行列，画家或雕塑家被称为"bnaau-sos"，即低级、粗卑的手艺人，大量的艺术家是"无名之辈"[11]。虽然古罗马晚期作家老普利尼在《自然史》中记载了部分雕塑家，但老普利尼是将艺术家归到了各种矿石、金属等的材料和功能分类当中[12]，说明古典时代晚期虽然有艺术家的零星记载，但"艺术家"作为一个整体并没有获得独立性。中世纪的艺术家则大都隶属于行会，"artista"一词有手工行会的工匠之意。"artist"这一群体是在文艺复兴时期才开始逐渐脱离手工艺人的下层阶层，迈入知识精英的行列，瑞士著名史学家雅各布·布克哈特在《意大利文艺复兴时期的文化》一文中曾指出文艺复兴时期是对"人"的发现的时代。[13]这种"发现"来自三个方面，一是人文主义学者对艺术家的发现；二是古代的手稿被发现，文献记录中的艺术思想开始被广泛传播；三是艺术家的自我发现。大约在15世纪，"艺术家"开始获得了"创作者"的身份。这是随着艺术家的独立地位的获得和行会制度的变化逐渐展开的。

　　一方面，文艺复兴时期，绘画、雕塑与建筑通过与科学的结合而进入了"自由艺术"的行列，艺术家被学者赋予了"divino ingenium（神圣天赋）"[14]的光环，他们认识到艺术家的创造力和想象力，并借助"fantasia"（奇思妙想）或者"invention"（创意）来赞颂艺术家。佛罗伦萨学者菲利波·维拉尼指出，画家具有一种深刻的天赋，这种天赋使他们能与magistri（教授自由学科的教师）匹敌。正如自由学科的教师通过学习了解其学科的规则，艺术家也能凭借其天赋和敏锐的判断力获得艺术的规则。[15]对艺术家创造性的重新认知来自艺术观念的改变，即艺术不再仅仅是对自然的"模仿"，而是能够超越自然进行新的创造。

　　另一方面，文艺复兴时期的行会制度较之中世纪有了较大改变。许多艺术作坊不再仅仅强调艺术生产的商业利润和技术的熟练，开始转向了"智性化"，注重独创性（originality）和艺术家风格的确立[16]。过去，艺术家受制于行会，耗费时间从事大量重复性工作以完成订单。在学徒训练和艺术生产当中，他们往往借助铁笔等工具临摹和复制相关的图谱、范本或艺术家的作品。这种临摹和复制的目的在于传承技艺，也使得作坊出产的作品努力保持水准的统一。从15世纪中期开始，随着人文主义思想的传播，越来越多的艺术家开始努力学习古典文学、光学、数学、几何、解剖等科学知识，作坊逐渐转向"智性化"发展。临摹和复制开始被视为一种不体面的行为。首先，一些艺术家逐渐认为要使艺术脱离技艺而上升为自由学科，应当抛弃借助工具对艺术进行临摹和复制的方式，因为借助工具是一种路径依赖。其次，追逐利润的复制和临摹不利于艺术和艺术家新形象的塑造。最后，临摹和复制还被认为有损"迪塞涅奥"（disegno），[17]因为借助机械装置进行复制和临摹既不需要敏锐的判断力，也无需精湛的技艺。[18]根据当时的学者记载，在艺术生产中，艺术家开始日益注重独创性和个人风格。如1472年佛罗伦萨学者阿拉马诺·里努齐指出，画家马萨乔、多米尼科·威尼齐亚诺、弗拉·菲利波·利皮和弗拉·安杰利科各有其特定的绘画风格。[19]瓦萨里在《意大利艺苑名人传》中，对多位艺术家的艺术风格进行了描述和评价。

正是这些新的艺术理念和社会制度的新变化重新定义了"艺术家"的概念，首先，"艺术家"一词所蕴含的"创造性"与"作者"所强调的"创造性"保持了一致；其次，"艺术家"不再是匿名的手工艺人，其名字与作品紧密联系起来。从这个意义上讲，"艺术家"与"创作者"正式等同起来。

从对"作者"的词源的梳理我们可以看出，这一词汇是包含了多重指向性的：即作为事实层面的创作者、作为抽象观念形态的作者以及作为法律规则层面的作者。作为事实层面的创作者实施了创作行为，这是成为"作者"的前提；作为观念形态的

"作者"确立了其作为主体的独立地位；而最后法律规则层面的"作者"则从制度上确保了其基本权利。这三个层面共同构成了现代意义上的"作者"的概念。就文艺理论范畴来说，形成了"作者中心论"的批评框架；从艺术生产层面而言，形成了"个人是艺术创造的主体"的思想；从社会制度层面来说，形成了著作权法对作者权益的确认和保障。从诗学到文学，从艺术到法学，"作者"这一概念成为多学科研究的重要逻辑起点。

二、社会参与式艺术对"作者"创作行为的消解

受古希腊的"灵感论"的影响，文艺复兴以来的"天才论"将超自然的"神性迷狂"和"忧郁气质"[20]赋予了艺术家，认为他们的个体在创作作品时所体现的"神圣天赋"与诗人同样杰出，这既为艺术家作为一个独立的作者群体奠定了理论基础，也说明了传统意义上对艺术家的认可是通过他们的个人创作所展现的个人才华而确立的。然而，社会参与式艺术却改变了艺术的创作方式，将个人的创作转变为集体的合作。"过去大约三十年来，不同背景和观点的视觉艺术家们，以一种近似社会工作的方式创作，他们处理了一些我们时代中最重要的课题——有毒废弃物、族群关系、游民、老化、帮派斗殴和文化认同，一群艺术家发展出一些杰出的模式，把公共策略视为美学语言的一部分。这些艺术作品的结构来源不纯粹是视觉性的或政治性的讯息，而是源自一种内在的需要，由艺术家构思，并和群众合力完成。"[21]这段关于描述社会参与式艺术的文字，真实地反映了这一艺术

图 1　广东青田"艺术龙舟计划"　2019 年

类型的践履(performance)方式：艺术不再是个人创作的成果，而是通过一个集体去持续推动的过程，也许是社区居民，也许是偶然相遇的人，也许是某个特殊的群体。这种沟通和交流，从根本上动摇了艺术自治的话语，它打破了阿多诺"艺术是一种社会关系的想象性解决"的论点，将艺术建立在真实的实践之上，并且试图建构主体间新的关系模式。

广东青田于 2019 年 6 月开展的社会参与式艺术项目"艺术龙舟计划"就体现了这种独特的创作方式(图 1)。顺德水乡有着深厚的"龙"文化。在青田，家家户户都有供奉的神，而"水"是当地的信仰联系纽带以及文化秩序象征。过去每年6月的"龙母诞"期间，当地人都要划龙舟、吃龙船饭，意在保佑人畜平安、五谷丰收。以渠岩为代表的艺术家通过与在地村民长期的相处和沟通，试图挖掘和展示当地族群独特的信仰空间，发起了"艺术龙舟计划"。在该项目中，艺术家和当地村民共同展示了祭水、祭龙头、拍卖龙舟位置、点龙睛等传统民俗仪式，并且组成龙舟队，以"上善若水"为号，从青田出发，和其他的传统龙船一起驶入龙潭村水域参加"龙母诞游龙舟"活动，以唤起人们的乡土情怀与对水的敬畏。

　　"艺术龙舟计划"的意义在于不仅以当代艺术的形式重构了传统民俗，借由万物有灵的民间信仰去展示"水"的象征意义与实际意义，更重要的是在这一过程中通过促进乡民交流所填补的社群间歇——借助划龙舟和"龙母诞"仪式，大批外出打工的青年人纷纷回乡，他们成为"艺术龙舟队"的主力。更有趣的是，整个过程当中，华南乡村的宗族所展示的行动力、执行力、凝聚力，不仅在情感维系上促进了事件的推进，而且在资金募集与财务公开上显示了传统文化和现代文明的对接与融合。总的来说，这一艺术事件所呈现出来的关系如同华南乡村的水系，平行、平等而脉络交错。所有人皆为作者的"无作者"思维完全消解了艺术家的个体性，成为德勒兹在"块茎"理论中所提出的"去中心化"的自由流变的形态。

　　在此类社会参与式艺术中，传统意义上个体的"创作"行为已经荡然无存，艺术家深入地区或社群，田野调查、收集资料、研究文化、注重沟通。他们隐身幕后成为与社群处于平行地位的引导者，或者将主导权交给社群本身。艺术以一种类似社会工作或者项目的方式推进，既有倡议者的想法，也不断地加入参与者的智慧，这是对现代主义以降的艺术定义的全面颠覆。格兰特·凯斯特在《对话性创作：现代艺术中的社群与沟通》中认为："所谓'具体的介入'是以'社会政治关系'来取代传统艺术材料，如大理石、画布或颜料。从这个角度看，重点不在于物件的形式状态，而在于借美学经验，挑战寻常的观念和我们的认知系统。"[22] 本雅明提出的"作为生产者的作者"（author as producer）走向了哈尔·福斯特所说的"作为民族志研究者的艺术家"（artist as ethnographer）。[23] 艺术创作的事实行为不仅改变了主体的定义，也为后续从观念形态以及法律层面去界定"作者"造成了困难。

三、"作者中心论"在社会参与式艺术中的崩塌

作者中心地位的确立是人的主体性确立的体现，"作者"在近代以来摆脱了模仿者的形象，不再依附于任何人而获得合法性，他是作品意义的最终来源，也是作品的精神核心，更是艺术阐释的权威。社会参与式艺术改变了艺术家的主体范围，从而改变了创作者的定义，不仅消解了事实层面的创作行为，也消解了作为一种观念体系的"作者中心论"：首先，否定了作者是一种单一的来源，"作者"在此是以复数的形式得以呈现；其次，否定了作者的中心地位，作者意图不再是意义的来源。作品成为

一种链接人与人沟通的方式，是一种关系性的存在，一个交织着各种文化符号和社会关系的网络；最后，否定了作者本身，正如罗兰·巴特提出"作者之死"一样。在社会参与式艺术中，当依据作品所再现、制造或诱发的人际关系来判断艺术作品的时候，"作者"也死亡了。因为面对社会参与式艺术的非叙事性，艺术生产的结果并非评价的标准，合作与互动的过程才是构成这一艺术的关键。"谁在说"不重要了，"如何说"才是关键。

　　一方面，当主体被消解，创作的过程上升为具有美学本体论上的意义时，社会参与式艺术的作者地位必然坍塌。这既来自艺术自身的发展逻辑，也与后结构主义思潮"去中心化"息息相关。18世纪以来建立在审美现代性基础上的艺术自律性，在20世纪前卫艺术运动的风起云涌中遭遇了合法性危机，达达、波普艺术、极少主义、大地艺术、贫穷艺术、情景主义国际再到近年来的社会参与式艺术，艺术作为一种独立的、自洽的、自我指涉的体系不断被侵蚀、质疑和褫夺。艺术向自身敞开，向观者敞开，向社会敞开，其意义也在这种不断敞开中得以重塑和重构。社会参与式艺术即是一个具有开放性的过程，形成德勒兹所说的"游牧"的场域。在《机器式无意识》一书中，瓜塔里解释了在游牧过程当中的"解辖域化主体"的概念，认为反符号系统和反再现系统是其前提，流动性以及对总体秩序的抵抗是其特征。法国哲学家尼古拉斯·伯瑞奥德在此基础上进一步提出了"关系美学"，认为此种制造交往与共处的艺术打开了一个"社会间歇"（social interstice），"作品的意义从链接艺术家传递之各种符号的运动中产生，也从个体的合作中产生"[24]。在此，差异化的"非主体的主体"得以被塑造，也可以说，这是传统主体及其思维体系的瓦解。

另一方面，"语言学转向"之后的后结构主义思潮不仅去"中心化"，更是"去作者化"。罗兰·巴特直接宣判了作者的"死亡"，从共时性框架对传统作者观进行了批判，以文本替代文学，以符号指代主体，从而对"作者"进行了驱逐，为读者的自我阐释留下了空间；福柯则是从历时性的角度将作者置于一个话语功能的位置，以作者名字的功能性消解了其在文学创造活动中的主体性。毫无疑问，罗兰·巴特和福柯都排除了作为个体的作者，文学创作的来源和意义的来源被话语结构和话语模式所取代。作者的权威性和唯一性被瓦解，而文本意义的开放性与多元性为文学阐释带来了更多的空间。罗兰·巴特和福柯的作者理论最终实现了对传统作者中心观的彻底颠覆。[25]

作为一种观念体系的"作者"观在后现代主义中的社会参与式艺术中坍塌，这既是一个逻辑的必然，也是一种新的表述方式的开启。去中心化的离散效应导致隐身于文本之后的"作者"被消解，也可能导致意义的无限膨胀继而模糊了阐释的界限，但"作者意图"却依然是一个不可回避的问题。正如阿甘本所言"标记了那一个空缺的界限"，这也为如何思考社会参与式艺术的作者问题提出了新的思考路径，即作者退隐之后的"意图"问题。

四、社会参与式艺术的著作权归属问题

社会参与式艺术不仅在事实层面和观念层面对"作者"进行

了消解，而且在法律制度层面同样困惑于"作者是谁"的问题。

各国法律以及国际公约对于著作权归属的一般原则是：著作权属于作者（例外是在委托作品或者法律特别规定的事项当中属于作者之外的主体，如法人，本文在此不讨论）。基于不同的立法理念，英美法系的著作权模式为"版权主义"，即以保护作者的财产权为核心；而大陆法系的著作权模式为"作者权主义/著作权主义"，即全面保护作者的财产权利和精神权利，尤其强调作者的人格权。我国著作权法采纳了大陆法系的立法精神，使用的是"著作权"作为相关立法的术语表述。无论是版权还是著作权，均从制度上确立了著作权归属于作者的基本原则，从而隐含了取得作者资格的条件：

首先，有创作作品的事实行为。所谓"创作"，现行《著作权法实施条例》的解释"是指直接产生文学、艺术和科学作品的智力活动。为他人创作进行组织工作，提供咨询意见、物质条件，或者进行其他辅助工作，均不视为创作"。也就是说：法律意义上的"创作"，必须是能够直接产生智力成果的行为，不包括相关的组织与辅助性工作。

其次，有作品的出现。我国《著作权法》规定的作品是指"文学、艺术和科学领域内具有独创性并能以某种有形形式复制的智力成果"。这里的关键词是"独创性""有形形式"以及"可以复制性"。

所谓的"独创性"（originality），英美法系和大陆法系的界定方式有较大的区别，英国对于"独创性"的判断仅仅是一种较低的要求，只要是作者本人所做而并非复制，哪怕凭借的只是普通

的知识，也有可能获得版权的保护。[26]这是源于英国的功利主
义和商业至上的传统，希望尽可能多地将作品纳入版权保护的
范围。而同为判例法的美国则设定了一个最低的判断标准。从
1903 年的 Bleistein V.Donaldson Lithographing Co. 一案件中美国
司法界引申出来的原则是：只要作品是作者自己努力的结果，
并且与之前的作品相比有可以区别的变化，那么就满足版权的
独创性的要求。[27]这说明美国与英国虽然有细微的差异，但是
总的来说，仍然是一种较为宽松的标准。而大陆法系则采取了一
种较为严格的标准。这源自大陆法系认为作者权是自然权利的
必然产物，因而艺术创作与作者个性密切相连，强调作品和人之
间的天然联系，认为作品是作者意志的体现，是人格的反映，作
品承载了人的人格和价值。[28]

　　所谓的"有形形式"是从物质形态上对"作品"进行了法律
规定。也就是说，著作权是不保护思想的，而只保护思想的表达
形式。这体现了"思想与表达"二分法的基本立法原则，也是为
了能够鼓励创新，而不对思想自由本身作出任何限定。

　　所谓的"可复制"是指作品是能够以印刷、复印、拓印、录音、
录像和翻拍[29]等多种方式进行固定，能够重复产生同样的智力
成果，能够被客观感知的一种外在表达[30]。

　　创作行为和作品两个层面的认定构成了著作权意义上"作
者"权属的前提。然而，社会参与式艺术不仅对界定法律层面的
"创作"行为造成了困难，也挑战了"作品"的独创性和可复制性
两个关键要件。

　　第一，从创作行为来看。现行著作权法规定："为他人创作

进行组织工作，提供咨询意见、物质条件，或者进行其他辅助工作，均不视为创作。"法律直接将组织工作和辅助性的工作排除在"作者"的行列。一项社会参与式艺术，往往有组织者、参与者、协作者，他们彼此分工合作，相互协商，如何去区分哪些是产生智力成果的行为、哪些不是，这恐怕是一个在实践中难以界定的事情。以陈晓阳在广州乐明村发起的"源美术馆"计划为例（图2）。在驻地项目当中，艺术家起初在村子的稻田里发现了一个由政府资助修建但没有粉刷的清水风雨亭，就与村民商量，是否可以使用当地的竹子进行包装外观，并搭建一个类似观星台的装置。村民很高兴，大家一起砍竹子，研究绑扎的方法，但是

图2　驻地艺术家游其（左一）与村民共同创作"风雨亭"

装置进行到一半的时候,村里另外一个社的社员开始反对,因为他们认为风雨亭是村里的共有物产,而艺术家合作的村民仅仅是村里其中一个社的,并不能代表全村,于是村民要召开大会集体投票决定是否要改造风雨亭。最后,大家决定暂停这个项目,让未完工的风雨亭如同一个纪念碑,提示着人们"谁的风景"这个关键的问题。[31]

这一案例当中,姑且不论是否构成了"艺术作品",仅从整个事实来看,艺术家提出了初步的构想,但如果没有村民的共同协作、共同行为,竹子是无法砍伐的,风雨亭是无法改造的,事情是无法推进的,而如此众多的协作行为是不可能将某一个行为单独拿出来作为"产生智力成果"的行为来加以判断的。假如将村民的砍伐行为、改造行为、讨论行为、投票行为全部排除在外,那么,剩下的也仅仅是"构想"了。但是"构想"本身,是不受知识产权体系保护的,著作权保护的是"思想的表达",并不是"思想"。因此,从法律意义上讲,社会参与式艺术是无法明确界定"创作"行为的。

第二,从作品的构成要件来看。对于实质要件而言,"作品"需要具备独创性、有形形式和可复制性才能成为著作权保护的对象。对于形式要件而言,"作品"需要属于著作权法规定的九种类型[32],其中的"美术作品",根据著作权法实施条例,是指绘画、书法、雕塑等以线条、色彩或者其他方式构成的有审美意义的平面或者立体的造型艺术作品。

社会参与式艺术的整个过程,大部分属于不可重复的、没有固定形式的、不可割裂的艺术形式,如前述"艺术龙舟"与"风雨亭"，它们并不符合法律意义上的"作品"定义，就更谈不上"作者"的归属和确定了。即便最终的呈现方式是属于法律规定的九大类型，例如油画、雕塑、视听作品，但是假如这些具体的艺术表达形式是由集体构思、创作完成的，那么，又回到了法律意义上的创作行为如何判定的问题当中，这仍然是一个悬而未决的地带。

鉴于自身标准的确定性和司法实务的方便，法律制度是需要划定具体的界限的，但是这种界限是无法成为社会参与式艺术作者归属的判断依据。因为该艺术类型形式的整体性和过程的流动性导致了其很难在现行法律中找到支撑。因此，在"作者"的法律规则体系当中，大量的社会参与式艺术被排除在外。而这种排除，在不久的将来，或许在署名权、出版权、收益分配等方面会发生纠纷，尤其是一个项目为社群带来可以预见的收益时。

五、结语

社会参与式艺术的"作者"问题，既反映了抽象主体的解构和崩塌，也反映了具体的规则面对鲜活实践的困惑与拒斥。就观念形态而言，虽然传统的作者观在社会参与式艺术中隐身，以作者为中心的意义阐释失效，然而事实上的"作者"并未缺席，相反，这一艺术形式的开放性导致任何参与者都能够进入从而也意味着阐释的多样性。从这个意义上讲，社会参与式艺术中的作者并非不在场，而是以去中心化的多主体性确证了在场。在任何一个艺术项目中，"意图"（个人的意图以及集体的共识）仍然是推动其发展的动力。就创作行为而言，艺术从个体的智慧走向了公共空间之中复数的人的创造，不仅在创作方法、创作材料和创作过程上呈现出多元化形态，也为从法律意义上界定"创作"造成了难题。最后，就法律规则而言，立法是滞后于实践的。社会参与式艺术因其持续的变动性难以形成固定的物质形态，从而难以判断作者归属，而这恰恰反映了实践对于制度的突破，也意味着规则自身需要不断拓展边界，不断正视现实，修正已有的认知。

（李竹，艺术学博士、四川美术学院当代视觉艺术研究中心特聘研究员）

注释：

[1] 该艺术类型的命名较为复杂，学界也称之为"社会介入性艺术""介入性艺术""参与式艺术"等，西方学者如克莱尔·毕晓普、格兰特·凯斯特、弗朗西斯·马塔拉索（François Matarasso）等人，大陆学者如任海、王志亮、周彦华等人，台湾学者如吴玛悧、董维绣、吕佩怡等人，另有知名英文艺术类刊物如 *The Third*、*Art Forum*、*October*、*Public Art Review* 等较为广泛使用"社会参与式艺术"。为研究对象的确定性，本文统一称之为"社会参与式艺术"。

[2] 法国学者尼古拉斯·伯瑞奥德提出了"关系美学"，美国学者格兰特·凯斯特提出了"对话美学"。尼古拉斯·伯瑞奥德：《关系美学》，黄建宏译，金城出版社，2013。格兰特·凯斯特：《对话性创作：现代艺术中的社群与沟通》，吴玛悧、谢明学、梁锦鋆译，远流出版公司，2006。

[3] 美国学者克莱尔·毕晓普（Claire Bishop）在其专著《人造地狱》中试图从前卫艺术的发展谱系中寻求社会参与式艺术的历史来源。克莱尔·毕莎普：《人造地狱：参与式艺术与观看者政治学》，林宏涛译，台北典藏艺术家庭股份有限公司，2015。

[4] 国内学者王志亮、周彦华、陈晓阳，美籍华裔学者任海、王美钦等人较早展开该领域的研究。

[5] [意] 维柯：《新科学》，朱光潜译，商务印书馆，1989，第182页。

[6] 刘怡杉：《作者的退隐与复归：对西方作者理论的再思考》，硕士学位论文，福建师范大学，2018，第8页。

[7] [英] 弗雷德里克·G.凯尼恩：《古希腊罗马的图书和读者》，苏杰译，浙江大学出版社，2012，第45页。

[8] 百度百科 https://baike.baidu.com/item，2019年11月15日访问。

[9] 王岳川、尚水编：《后现代主义文化与美学》，北京大学出版社，1992，第294页。

[10] 黎淑兰：《著作权归属问题研究》，博士学位论文，华东政法大学，2014，第13页。

[11] 张佳峰：《忧郁的土星之子——论维特科尔对文艺复兴艺术家身份的考察》，《文艺研究》2019年第10期，第44—54页。

[12] Udo Kultemrnna.*The History of Art History*（ AbarisBooks,1993),p.3.转引自刘君《从工匠到"神圣"天才：意大利文艺复兴时期艺术家的兴起》，博士学位论文，四川大学，2006，第24页。

[13] 雅各布·布克哈特：《意大利文艺复兴时期的文化》，何新译，商务印书馆，1991，第280—343页。

[14] Mihcael Bxanadall.*Giotto and Orators*（ Oxofrd,1971), p.52. 转引自刘君《从工匠到"神圣"天才：意大利文艺复兴时期艺术家的兴起》，博士学位论文，四川大学，2006，第173页。

[15]Mihcael Bxanadall.*Giotto and Orators*（ Oxofrd,1971), pp.74—75.

[16] 乔尔乔·瓦萨里：《意大利艺苑名人传·中世纪的反叛》，刘耀春译，湖北美术出版社，2003，第201页。

[17] "disegno" 含义较为复杂，根据学者刘旭光的研究，该词最早出现于14世纪的意大利，既有设计的意思，又有创造的含义，1568年瓦萨里在《意大利艺苑名人传》中给该词下定义，认为是一种理性和非凡的判断力，从而成为一个美学的范畴。刘旭光：《西方美学史概念钩沉》，《人文杂志》2016年第10期，第80— 86页。

[18] 刘君：《从工匠到"神圣"天才：意大利文艺复兴时期艺术家的兴起》，博士学位论文，

四川大学，2006，第62页。

[19] 刘君：《店铺、工作室和学校：文艺复兴时期的意大利艺术作坊》，《四川师范大学学报》(社会科学版)2005年第3期，第133—140页。

[20] 同注释[18]，第177页。

[21] 苏珊·雷西：《量绘形貌——新类型公共艺术》，吴玛悧等译，远流出版公司，2004，第27页。

[22] 格兰特·凯斯特：《对话性创作：现代艺术中的社群与沟通》，吴玛悧等译，远流出版公司，2006，第17页。

[23] Hal Foster,*Artist as Enthnologer? In Global Vision: towards a New Internationalism in the Visual Arts*, edited by Jeans Fisher[C](Kala Press,2002),pp.12-19.

[24] [法]尼古拉斯·伯瑞奥德：《关系美学》，黄建宏译，金城出版社，2013，第105页。

[25] 刘怡杉：《作者的退隐与复归：对西方作者理论的再思考》，硕士学位论文，福建师范大学，2018，第37页。

[26] 如英国在1916年University of London Press Ltd V.University Torial Press Ltd 一案当中，Peterson法官在判决书中认为："'独创的'这个词在这里并不意味着作品必须是独创或创造性思想的表达。版权法与观念的独创性无关，而关联于思想的表达，在文学作品是指打印或手写的思想表达。所要求的独创性与思想的表达相关。但是版权法并不要求表达必须以原创或新颖的形式，而是此作品不得复制自彼作品——它应当源自作者。"转引自徐俊《版权侵权判定》，博士学位论文，复旦大学，2011，第18页。

[27]在1903年的Bleistein V.Donaldson Lithographing Co.一案中，Holmes大法官在判决书中写道："个性总是包含某种独特的东西。即使是在笔迹中也可以显示它的特点，而一件普通的艺术作品中也存在某些不可约减的东西，那就是个人独自的努力。除非法律规定有限制，那种独特的东西就可使之获得版权。"M.B Nimmer and David Nimmner, *Nimmer on Copyright*(Matthew Bender,2007),p.12.

[28]如德国的著作权法认为："作品的创作需要有一定的深度，以便于人们可以辨认出它的独创性特征。如果外界从作品中看到了作者意欲表达的思想、勾勒的气氛、虚构的形象、观察事物的方式以及他想表达的其他一些东西的话，就满足了作品独创性的深

度要求。" [德]M.雷炳德：《著作权法》(第13版)，张恩民译，法律出版社，2005，第52—53页。

[29] 张玉敏：《知识产权法学》，法律出版社，2011，第86页。

[30] 王迁：《知识产权法教程》，中国人民大学出版社，2014，第26页。

[31] 案例来自陈晓阳参加国际会议"公共艺术与社区更新"(2018年)的演讲，未发表，已获作者授权。

[32] 我国著作权法规定：即文字作品；口述作品；音乐、戏剧、曲艺、舞蹈、杂技艺术作品；美术、建筑作品；摄影作品；电影作品和以类似摄制电影的方法创作的作品；工程设计图、产品设计图、地图、示意图等图形作品和模型作品；计算机软件；法律、行政法规规定的其他作品。

大学中的乡村与乡村中的大学：
乡村振兴与高等艺术教育改革的空间互文

王天祥

摘要：乡村兴则国家兴，乡村衰则国家衰。乡村振兴，艺术何为？教育何为？四川美术学院虎溪校区建设，在大学中保留乡村，成为艺术参与乡村建设的一个先行案例。2018年，四川美术学院成立艺术与乡村研究院，推动艺术创新社会实验室建设与耕读书院计划，在乡村中办大学。艺术创新社会实验室立足学校管理体系，更加强调艺术教育与艺术创作的内部视角；耕读书院计划立足于社会发展的视角，更加倡导一种新的价值观和生活方式的形成。

关键词：乡村振兴　川美虎溪校区　艺术创新社会实验室
　　　　　耕读书院

十九大报告指出："中国特色社会主义进入新时代，我国社会主要矛盾已经转化为人民日益增长的美好生活需要和不平衡不充分的发展之间的矛盾。"[1] 不平衡不充分的突出体现，正如农业农村部部长韩长赋所言："当前，我国社会中最大的发展不平衡，是城乡发展不平衡；最大的发展不充分，是农村发展不充分。"[2] 正是在这个意义上，才有《乡村振兴战略规划（2018—2022）》所言：乡村兴则国家兴，乡村衰则国家衰。[3]

　　2020年，中国决战决胜扶贫攻坚。中国乡村，物质层面的扶贫攻坚基本结束，而精神层面的美好生活才刚刚开始。艺术承载美好生活。正是在这样的认知下，今天，艺术参与乡村建设的热潮一浪高过一浪。在中国，开展艺术乡村建设案例展览、论坛时，却忽略了一个在中国艺术参与乡村建设的最早探索——开启于2003年的四川美术学院虎溪校区建设。

　　2003年至2019年，16年时间，重庆西部一座新城崛起。大学城、西永微电园、渝新欧起点站已经全面运行。今天，以虎溪和西永为中心，科学城将重新定义这块热土。然而，在2003年的时候，这里全是农村、农田和农民。如何面对这个巨大的社会现场？在笔者与时任校长罗中立先生的交谈中，罗中立先生回忆到，这个时候，高校的快速扩张，促使一个艺术家、一个教育家要转变为一个规划师、一个"包工头"。

　　罗中立先生始终致力于"乡土绘画"，艺术创作聚焦农民，几乎从来没有改变过。而虎溪校区可以视为继《父亲》之后，罗中立的又一件艺术作品。这件作品，除立足中国现实、延续中国文脉、结合自身创作，还与时代共振，与西方文明对话。

　　彭兆荣先生在他主持的国家社科基金艺术学重点项目"中国特色艺术学体系探索研究"项目成果中（17AA001）指出："中国传统的'藝'与'農'源通意合；'藝'之执耒耕作，与天象、天星、天辰契合协作；'農—藝'既是风土的产物，又反映风土人情；'藝'是一套完整的技艺手段，亦形成了成熟的艺术符号美学。"[4]因此，他指出："艺（藝）之本义，农也，是为源、为根、为脉。切不可因'Art'而废'藝'，数典忘祖。"[5]彭兆荣先生呼吁在中西文明互鉴的语境下建构自身具有历史文脉和话语特征的艺术体系。这与罗中立先生所主持的虎溪校区的建设理念不谋而合。

一、大学中的乡村：虎溪校区的创作与设计

从自然形态上讲，虎溪校区实现了"三不"，不铲一个山头，不填一个池塘，（建筑外墙）不贴一块瓷砖。保留了原住民的农房，保留了大树、水渠等内容。这也与2013年中央城镇化工作会议精神相契合："在促进城乡一体化发展中，要注意保留村庄原始风貌，慎砍树、不填湖、少拆房。"[6]

从景观形态上讲，四川美术学院虎溪校区开创了大学养护型园林景观的先例，同时还是将农业作为生产性景观的先例和特例[7]。与同期俞孔坚在沈阳建筑大学新校园稻田景观设计所不同，四川美术学院虎溪校区的实施是从农与艺的根脉联系中生发。由此，虎溪校区的景观就呈现为依时而作，四时而异的景象。正是，春季，满园油菜花开；夏季，满塘荷叶连连；秋季，师生忙挖红薯；冬季，残荷雪景寥寥。

从公共关系上讲，四川美术学院虎溪校区呈现出开放性与共享性：校区东门与大学城熙街直接相连，校区围墙即是露天公共艺术作品，向市民们展现着乡土大地的另一种"生命力"。更重要的是，四川美术学院虎溪校区并没有驱逐拆迁后的村民，因为农业生产景观的设置，这些村民成为永不毕业的艺术原住民。"开放的六月——四川美术学院艺术游"从2004年开始向市

民开放，经过近二十年的积累，如今已经成长为一个城市的节日。2019年6月30日，华龙网以《"开放的六月"——四川美术学院毕业展艺术游，一场校园美术展，15年"长成"城市文化节日》[8]为题对此进行了专题报道。

四川美术学院虎溪校区的设计与建造是集众人智慧、吸纳村民参加的创作过程。这里面，除了罗中立的璧画，也有作为设计师和执行者——郝大鹏的全力投入。由于校区大量保留了传统木作、石作等工程，这些木作、石作的原料，绝大部分来自重庆西城大规模拆迁废弃的农房木料、农房石基和乡村农具、石雕等物件。由此，创作和实施过程常常不是依据规划图，而是罗中立手持一根木棍，在地上或砖块上画出草图，然后村民们依据手边材料，现场施工而成。如果套用西方艺术语境中的参与式艺术，可看到这在艺术家和村民合作中得到了完美的呈现，但同形异质，其内在肌理完全不同。

从文化形态上讲，四川美术学院虎溪校区建构了农耕文明的天、地、人连续的文化景观意象。从东山之上，坛庙结合的文化景观，到朝向东门的孔子老子问道塑像、题刻"耕读家风"的农舍、环绕穿插的水渠景观，再到美术馆的粮仓意象，东门绵延不绝的校友墙……罗中立期待以艺术的形态，重构绵延不绝的中华文明意象。四川美术学院坐落在这样一个超越时空的艺术作品中，不仅会给城市奉献一个又一个文化盛宴，更重要的是打造了永恒的精神地标。

2013年，四川美术学院虎溪校区，代表亚洲获得首届国际公共艺术大奖。虎溪校区获得首届公共艺术大奖，这标志着四川美术学院步入当代艺术的最前沿，可视为中国当代艺术参与乡村建设的先行案例。

在参观了四川美术学院虎溪校区后，时任教育部高等教育司司长张大良与川美部分老师座谈，他讲到川美人才培养英才辈出，校园建设功不可没。他以校园随处可见的泡菜坛为引子，将川美比喻为一个艺术界的"泡菜坛"。大学城建设期间广泛收集并重新运用拆除后的旧物件，这形成了校园中的巴渝文化的元素，并与校园中的自然景观共同构成了巴渝文化底色。川美秉承红色基因，根植中华大地，不断创作出中国美术史上的精品力作，铸就了川美植根现实的本色。川美教师、学生同处一园，师生平等、创作自由，孕育了兼收并蓄、包容创新的亮色。

2018年，川美以"志于道 游于艺：浸润式实践型艺术英才培养体系的构建与实践"总结自身人才培养特色与规律，提出"浸润式"有双重内涵，第一重是将人才培养浸润在艺术场域之中，回到艺术教育的本体。虎溪校园，就是一个锻造人的心性、品味与精神的艺术场域。"浸润式"的第二重内涵就是把艺术教育浸润在现实生活之中，凸显生活是艺术的根源。这一探索集中体现在学校新时期构建艺术创新社会实验室与建设耕读书院的实践之中。

二、乡村中的大学：艺术创新社会实验室与耕读书院

2018年，四川美术学院成立艺术与乡村研究院，提出建设环川美创新生态圈构想，将大学作为一个开放性的存在。艺术与乡

村研究院聚合既有资源，开拓新的乡村基地：在重庆北碚区柳荫镇建设艺术粮仓，在重庆南川区黎香湖建设村社艺术中心，在重庆璧山七塘镇建设雕塑在地创作中心，在贵州羊蹬建设艺术合作社，打造艺术创新社会实验室。同时，实施耕读书院计划，在柳荫东升村建设望渠书屋，在麻柳河村建设学堂书舍，在渝北兴隆镇牛皇村建设兴隆有礼书屋，拟进一步在荣昌安富镇通安村围绕陶文化建设书屋，在黔江区围绕稻作文化建设书屋……四川美术学院将实现从大学中的乡村向乡村中的大学的拓展。

艺术创新社会实验室与耕读书院计划，二者既可相互涵括，也有一定差异。艺术创新社会实验室是立足学校管理体系来进行的表述，强调艺术教育与艺术创作的内部视角；耕读书院计划是立足于社会发展的视角开展的行动，倡导一种新的价值观和生活方式。

艺术创新社会实验室是接续高等艺术院校实验室建设的脉络，将原有的校内实验转化为校外实践。这一校外的实践场所不是由企业或当地政府管理，而是纳入到学校的教育管理体系之中。艺术创新社会实验室目前多立足于城乡结合的关键节点——乡镇，以城乡融合和区域研究的视野来展开调研与介入。艺术创新社会实验室反映了高等艺术教育的深刻变革，并引发了艺术生产的变革，孕育着新的艺术生态体系的建立。从人才培养角度来看，这将进一步确立把创作根植在中华大地上；从人才培养目标上，强调从小我到大我、从媒介到现实的转变；从教学内容上，注重社群、场域与媒介；从培养方式上，注重在地性、协同性与多向度；从教学资源上，实现从静态到动态的转变；从教学评价上，实现从审美到行动的变革。从艺术生产角度上讲，将实现如下的转变：价值观——从生产消费主义产品到服务人民美好生活向往；作者观——从单一到合作；场所观——从空间到场域；消费观——从观展到营造；作品观及评价观——从一元到多元。

从空间上讲，耕读书院主要置于村落之中；从文化上讲，书院是接续中国乡村"耕读传家"的文化传统，并以此引领社会"新耕读传家"生活方式的形成。中国现代教育体系全面学习和移植了西方教育体系，这一教育体系适应于工业文明的"制式教育"。把多样化的人，培养成适应现代工业标准化生产的劳动力。以美国为代表的学分制教育，某种意义上是把课程比拟成了货架上的无穷无尽的知识消费品。适用于工业文明的教育体系对人的教育改造，消费主义的生活方式对人的生活塑造，带来的是"人的异化"和"生态的危机"。西方资本主义和工业文明所内含的经济危机和生态危机，不能立足资本主义内部和工业文明本身来解决问题。中国提出的生态文明建设是解决资本主义经济危机和工业文明生态危机的根本途径。生态文明建设不能从深受工业文明和消费主义浸淫的城市中产生，而是要在中国的乡村和中国的传统中生发。生态文明建设需要重塑价值观，并在生活方式层面得以践行，唯此才能从理想变成可能。

"耕读传家"首先树立了一种整体主义的生命观。这个整体主义的生命观有三重价值和意义。第一，超越了工业文明对人的学习、工作、生活的横向分隔和对人的学习、工作、退休的纵向断裂。退休意味着"劳动力价值的丧失"，意即消费社会的"无用的垃圾"。这些"无用的垃圾"之有用，在于成为消费主义社会中医疗集团的消费者，成为丧葬集团的消费者。学习是消费家庭或自己未来的储蓄，工作时段之外的休闲是拉动消费的机器，退休后人的全部都成为消费社会的一部消费机器。亦耕亦读，体力劳动与脑力劳动交替进行。耕作这种劳动，作为一种创造性的生产，超越运动的单纯的（体力）消耗。第二，这个整体主义的生命观意味着人与自然代谢的有效循环。传统农业是有机农业，是在天地人和谐的背景下展开的生产劳动。乡村使用的农具，基本都是可自然降解的物质和材料，如竹、木、石、藤、草等。家畜与人的排泄物有效保持了土地肥力。不是大面积使用农药，不是大规模施用化肥，不是大范围使用薄膜，不是单一化种植，这种有机的培育引导一种可持续的生活。第三，这个整体主义的生命观还意味着"生生不息"的代际生产。耕读传家，既有耕读，更有传家。"家"的生产，意味着人的再生产，意味着社会有机体的生产。这是对于目前发达城市所普遍遭遇的少子化、无子化社会倾向的有力的抵制。如果一个"人"的再生产都出了问题，那么，人类何以为继？所以，耕读传家，还在于通过导向"家庭"这一社会有机体的再生产，有效促进社会发展。

"耕读传家"承载着促进人更完整更自由发展的价值观，同时又作为一种生活方式得到践行与落实，因此是一个值得发掘的文化传统。"耕读书院"通过倡导与践行"耕读传家"生活方式，成为中国生态文明建设的有益探索，其实践与经验亦期待为人类生态文明建设贡献中国的案例与经验。

四川美术学院的艺术创新社会实验室和耕读书院计划，以北碚柳荫村社艺术基地串联偏岩写生基地、静观花木之乡到悦来国际校区，构建重庆两江新区江东片区乡村艺术旅游线；以南川黎香湖连接武隆、酉阳，构建渝东南民族生态文化艺术旅游线；以大足连接荣昌非遗园区，串联四川安岳石刻，构建成渝艺术遗产旅游线。2019 年，在纪念"五四运动"一百周年之际，四川美术学院发起"百年百校百村：中国乡村美育行动计划"。展览与论坛参与的高校达到 116 所，覆盖的村庄达到了 123 个。同年，学校还在四川、安徽、贵州、河南等地，建设第一批 10 个乡村艺术基地。由此，一个以重庆为点，连点成线，以线拓面，星罗棋布的艺术创新社会实验室布局在全国形成。2020 年，"百校百村百艺：中国乡村美育行动计划"开展。在北碚柳荫、渝北兴隆、荣昌安富等地展出全世界艺术参与乡村建设的研究案例，并联动全国乡村基地，线下线上融合，国际国内互动。这一乡村中的大学发挥更为深远和广阔的社会影响。

回顾梁漱溟所言，建设乡村，不只是建设乡村，而是建设整个中国。以艺术汇聚乡村之美，提升整个民族的审美力，建构面向生态文明时代的生活方式，是艺术参与乡村所承载的更高的历史使命。

艺者，农也。建构具有中国特色的艺术学体系应根植中华自身的艺术传统。这一传统，首先体现在教育场所与空间。四川美术学院虎溪校区以其鲜明的价值取向和文化形态成为承载中国高等艺术教育改革的不二场所。同时，艺术创新社会实验室将"工作室"的艺术、将表征的艺术拓展为"社会"的艺术、参与的艺术。这一探索将重塑高等艺术教育的形态和可能。耕读书院计划倡导一种生态文明时代的价值观与生活方式。这一探索将超越艺术学科本体，在更高的维度和更广的视角为中国、为未来做出有益的尝试。大学中的乡村与乡村中的大学，新世纪以来，四川美术学院的探索构成了国家乡村振兴战略与高等艺术教育改革的有效互文。

（王天祥：四川美术学院造型艺术学院副院长）

注释：

[1] 习近平：《决胜全面建成小康社会 夺取新时代中国特色社会主义伟大胜利》,《人民日报》2017年10月28日，第1版。

[2] 高云才：《乡村振兴，决胜全面小康的重大部署：专访农业部部长韩长赋》,《人民日报》2017年11月16日，第2版。

[3] 摘自《乡村振兴战略规划（2018—2022）》。

[4] 彭兆荣：《艺者，农也》,《民族艺术》2019年第2期，第96页。

[5] 同注释[4]，第93页。

[6] 2013年中央城镇化工作会议公报。

[7] 同期有俞孔坚在沈阳建筑大学新校园的稻田景观设计。俞孔坚的公司名为"土人"，可观其在深入西学之后，仍然坚持了设计本土化的探索。

[8] 来源：http://cq.cqnews.net/html/2019-06/30/content_50540231.html

系统智慧视野下的川美生态艺术行动与生态素养培育

靳立鹏

引言

2021年夏,在河南与德国出现的极端天气是自然对人类发出的警示。气候变化,在未来出现暴雨与干旱等极端天气的几率将会不断增加。全球新冠疫情成为人类挥之不去的梦魇。人类今天的困境令人想起德国艺术家博伊斯(Joseph Beuys)在几十年前面对生态危机说过的一段话:"假如人类不去考虑自然的智慧,拒绝与其合作,自然就会用暴力的方式迫使人类另寻他路。我们正处于不得不做出决定的一个节点。但是现在我们仍然有可能做出自由的决定,走上一条不同以往的道路。我们仍然可以决定将我们的智慧与自然的智慧同频。"[1]

回到各种危机的源头,英国人类学家格雷戈里·贝特森(Gregory Bateson)认为我们今天的主要问题源于自然的运作方式与人类思维方式不同。生态系统自身是具有"思维"(mind)的,而人类思维则是可以不断修正、学习和生长的生态思维的一部分。生态系统与自然的运作方式显现于贝特森所强调的联结的模式(patterns that connect)之中。对于他而言,"美学是指对联结模式的回应"。因此贝特森式的美学问题是:"你自己与这一生物之间有什么关联？有什么模式把你与它联结在了一起？"[2]
联结模式意味着这是一个由各种关系构成的世界，万物之间普
遍存在着复杂多样和相互依存的联系。他认为所有的生命都是
环境（context）之中的关系；我们应该关注的不是我们的手掌有
五个手指，而是手指间形成的四种关系。关系不仅具有生物学意
义而且是美学意义的显现。我们的世界是按照思维的想象形塑
出来的，因此当人类思维与自然联结为一个整体（unity）时就会
彰显出美，反之现实环境的丑陋则意味着人类思维生态的失衡。

　　可惜的是，支离破碎的工业文明教育模式注重专科教育，习
惯于分析拆解事物，并不教授联结的模式。美国教育家大卫·奥
尔（David W.Orr）认为人类的教育混淆知识与智慧，将琐碎、短
视和无益的知识灌输给学生，但却没有使学生拥有整合知识的
生态智慧，以及"宽阔的视野和远大的目光"。[3]这种人类中心
主义的机械论教育不仅专业之间相互隔绝，而且使我们脱离了
与生态系统的关联，无法对相互关联的危机做出相应的回应。大
多数的现代人与主流的现代科学丧失了整体思考与看待事物的
能力，无视自然联结模式的美学统一（aesthetic unity），并集体
无意识地对丑陋进行膜拜。人对自然与社群的态度也从原本美
学而融合转变为麻木不仁（anaesthetic）。因为不具备自然模式的
观念与整体的视野，现代人用自己片段化的局部知识所形成的
技术力量，来试图控制自然复杂精微的系统，从而助长了丑陋的
蔓延，制造加速生态危机的不可持续的文化。

一、生态素养培育

有鉴于现代人分离、线性思维导致的灾难，美国物理学家卡普拉（Fritjof Capra）主张以生态素养（ecoliteracy）培育整体系统思维（system thinking）能力，即"从部分到整体，从物体到关系，从内容到模式"，重新使我们的思维与生命之网相联结；感知与理解生态系统的组织模式与原则，并使用这些原则构建可持续的人类社区。[4] 生态系统的组织原则包括万物相互依存，共同构成复杂多样的生命之网。我们需要滋养社区成员间的多种关系来滋养可持续的社区。生态系统内物质、能量处于周而复始的循环，一个物种的废弃物不断转化为其他生物的能量与营养，因此人类社区需要效法这种"零废弃"的理念，以循环的思维重建我们的经济与社区。生态系统不断自我修复与生成，持续处于一种弹性的动态平衡，所以人类社会的系统需要优化所有变量而非使某些变量（例如：利润）最大化。生态系统成员间的伙伴与共生关系将启发人类社群成员的相互联结与合作。生态系统的多样性促进系统韧性的原则也可以延伸至设计和构建充满活力与韧性的人类社区。

这种整体与联结的教育实践将自然地导向彼得·雷森（Peter Reason）所主张的"参与的世界观"（participatory worldview）。在这一过程中，个体将参与到社区之中，人类将参与到自然生态系统之中，即重建人与社区、人与自然的联结。[5] 因此生态素养培育的过程是一种参与式的认知过程，如同艺术的探索一样，是向未知敞开且不可预知的，并承认我们认知的局限。

二、生态艺术与生态素养培育

　　生态艺术是探讨生态系统的修复，在材料、主题与创作过程中坚持生态伦理，旨在构建人与自然、人与社会关系的跨领域实践。生态艺术从20世纪六七十年代萌发，经过几十年的发展，在当代艺术界的影响与日俱增。受系统思维启发，生态艺术关注自然、社会、政治与文化环境中事物的相互联结。从材料与物质的角度分析，生态艺术经常使用自然、二手或友善自然的材料，旨在用艺术的方式唤醒公众对自然的活力与环境问题的认识。作为从思考到行动的开放与整合的实践，它希望启发生态智慧，将个体内心深处的思维与整全（holistic）的生态思维相联结。国际生态艺术家如美国艺术家邦妮·奥拉·谢尔克（Bonnie Ora Sherk）和英国艺术家大卫·黑利的实践都包含有明显的生态素养培育的维度。

　　谢尔克的艺术在系统思维的基础上整合了不同的学科与社群，乃至生命万物。她提出的"生命框架"（life frame）概念是在现场直接呈现生命与生态本身，而非局限于传统的再现式表达。她在旧金山外环高速路交叉路口的"农场"项目就是这一概念最早的呈现。该项目以"生态系统"思维看待教育，包括花园、农场、社区中心、学校、环境教育中心、厨房、图书馆、人与动物的剧场等，联结了附近非裔和拉美裔等四个边缘社区，不仅容纳了不同学科和文化背景的人，而且还有其他动植物物种。她的教育哲学将自然科学、教育、艺术、农业及社会科学与研究、规划、设计、实施、使用、维护与管理相融合，成为汇聚多元学科的活的实验室。

黑利的生态艺术教学是以"整体系统生态"（whole system ecology）为基础引导学生在现场进行观察与思考。同时他以"问题生成"（making questions）的教学来鼓励学生追问更深的问题，激发学生跳出日常逻辑的思考，以问题来刺激学习和引发行动。他的"在荒野一侧行走"（A Walk On The Wide Side）项目将城市作为一个生命体，并以在城市空间的行走和感知为基础重新思考城市空间规划与生活方式，回应未来的气候变化危机。这也是一个与社群和自然万物对话的过程。

三、"川美生态艺术行动"

国际生态艺术的语境为"川美生态艺术行动"提供了重要的方法论与灵感来源。"川美生态艺术行动"是笔者在四川美术学院发起的以生态艺术教学为基础，以系统思维、社会雕塑理论为指导的跨领域艺术实践。"川美生态艺术行动"从整体背景/环境/脉络（context）出发，观照事物间的联结与关系，不仅整合艺术、科学、生态、教育与公众参与等多个维度，而且将探讨的问题、场域、社群放在相互联结的复杂系统中去理解，并以微观行动探讨在地的生态修复，以及气候变化等全球生态危机。同时，针对现代标准化教育导致的在地知识的消亡，"川美生态艺术行动"也是观照在地生态、生物、历史和文化的"基于地方的教育"（place-based education），通过整合传统的智慧、当下的问题与对未来永续的思考，探讨地方知识系统的恢复。

从教学方法上，"川美生态艺术行动"是从观察（seeing）、思考（thinking）到行动（doing）的有机整体的艺术与教学实践。师生将行走、对话等日常行为与其他各种艺术方式结合，并融入探究的过程。在真实的环境、社会与公共空间进行具身式、经验式和过程式学习。其教学重在整合社会与自然环境中的多种感知与美学体验，促进学习者感知与认知方式的根本转变，继而以这些经验形成富于想象的思考或愿景，最终付诸行动。这也是一种师生共学（co-learning）的过程。受到大卫·黑利教学方式的启发，我们通过对学生的提问来挑战其先入之见，培养其思辨、反思、倾听与包容不同观点的能力。教师所扮演的更多是启发、激发与辅助的角色，而非信息与事实的单向传递者。同时这也是与在地社群进行跨学科，乃至生命万物进行互动的过程。

受到生态与社会系统复杂性的影响，生态艺术行动以富于想象的方式回应现实问题，为确立新秩序与新价值进行实验。在复杂系统科学（complexity science）中，"涌现"（emergence）是自下而上的、从简单形式到复杂状态的发展或演化过程。生态与社会系统是一个开放并处于不断波动、变化与动态平衡的复杂系统。新的难以预测的要素会从局部涌现出来，为系统带来新的特征，然后逐渐在不断的互动中升级为更为复杂的形式，直到形成成熟的生态系统。"川美生态艺术行动"也是这样一种"涌现"式的、自下而上的建构式行动主义实践，也可以被理解为是生态系统智慧进行自我调适产生的建构性新事物（novelty）。

生态艺术行动在校园内外公共空间的"涌现"既包括微空间的生态修复项目，例如以社区食物花园为基础的"愈园计划"，也包括在外部空间更大的场域内的行走与公共艺术介入,例如：探讨水系生态的"消失的河流——虎溪河生态艺术行动"。

（一）愈园计划

　　"愈园计划"是将四川美术学院一处建筑垃圾堆放地转化为社区食物花园的生态艺术项目(图1)。面对气候变化、瘟疫等全球生态系统危机,"愈园计划"试图对影响人类存在的系统危机进行在地回应,进行自然、社会、文化与教育的综合疗愈,探索创作面向未来的生存与行动美学来应对危机和改变社会。受到博伊斯、谢尔克与黑利等艺术家的启发,它将生态系统思维、整体语境思维和扩展的艺术理念相结合,去整合生态、生物、教育、

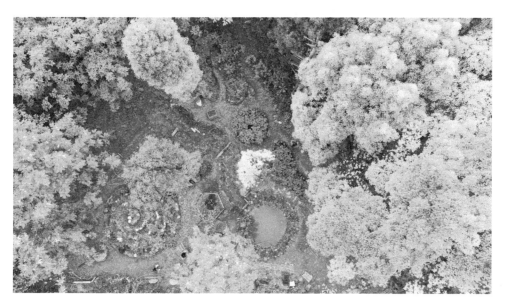

图1　愈园计划　川美虎溪校区　2021年

科学等不同学科，以及种子、植物、历史与文化等在地的知识系统。

"愈园计划"启发同学们学习阅读自然之书和效法自然智慧，希望将所有的在地问题转化为生态素养培育的资源与艺术创作的灵感，探讨生态食物生产、社区堆肥、垃圾转化、能源与水收集、校园养蜂、动物栖息地营造、种子图书馆、生态剧场、真菌行动、生态艺术疗愈、生态素养培育与生态美育等主题。这些项目是一个相互关联与叠合的整体。以下将列举其中三个子项目阐释愈园有机整体主义的实践。

1. "芋圆"——生态食物生产

愈园谐音"芋圆"，象征食物的产出。生态食物生产是应对未来城市危机的、关于生存的实践。今天城市的水泥森林每天需要消耗大量的能源、水和食物等来供应庞大密集的人口，为气候变化等危机埋下伏笔。城市消费者已经淡忘了食物从何而来，不知晓其身体如何通过食物与环境进行互动，更不清楚全球食物生产、加工、运输与消费的系统在如何威胁土地与海洋的生态。因此，城市需要思考如何将吞噬资源的消费空间转化为生产空间，实现生态食物生产、碳封存、雨水与能源收集、垃圾转化、生物多样性保护等多种功能。目前全球化的瘟疫、环境、政治、经济等带来的危机使未来充满不确定性，假如未来的社区与家庭能够尝试自给自足，进行食物生产，使未来的城市空间与大学的校园变成富饶多产的食物森林，就可以为各种无法预知的灾难引发的食物危机提供应对的可能。同时，这也是学校在未来需要开

展的关于生活与生存之道的重要课题。博伊斯认为人的创造力
是最大的清洁能源。英国舒马赫学院院长撒缇施·库玛（Satish
Kumar）在《土壤·精神·社会》一书中提出"人的能量是最重要
的可再生能源"。人类的能量源于食物，因此他认为所有的学校
都应该有一个花园/农园，都应该有教授园艺的老师和课程，这
就可以为人类源源不断地提供能量。这应该是探讨可持续性的
当务之急。[6]生态食物生产项目鼓励同学们生产健康食材，这一
过程的本质就是推动自然、社会、人和教育的可持续性（图2）。

2. 种子行动

"种子行动"计划通过观察、收集、储存、展示、表现和分享

图2　愈园生态食物生产工作坊　2021年

种子，旨在保护种子多样性，鼓励社区耕种，创造友善传粉者环境，存续地方知识与文化。种子是祖先的馈赠，是我们生命的基础，是乡土知识的结晶，同时也是生态、生命与文化多样之美的体现。在全球气候危机、生物多样性锐减的背景下，这些多样性的保留会为人类未来生存带来多元的选择。但是出于现代化的生产、运输和消费机制，农作物种类正在变得愈加单一。20世纪近75%的农作物基因已经消失；并且还将有22%的主要农作物的野外亲缘种将在2055年前后灭绝。种子的危机意味着人类未来的存在危机，如何保存种子正在成为全球探讨的焦点问题。

挪威斯瓦尔巴特种子库等大型种子银行的种子保护方式固然重要，但地方社区的保种实践也同样有意义。种子是充满智慧的鲜活生命体，几千年来人类培育的农作物种子不断与环境进行互动。历史上的干旱、洪涝或虫害都存留在它们的"记忆"中，并且仍将持续不断地适应现在与未来不断变化的气候与土壤条件。另一方面，全世界的种子资源正日益集中于少数跨国资本手中。这些大公司正以各种方式窃取发展中国家的种子与基因资源，推动正在摧毁全球生物与文化多样性的单一农业体系，并利用新自由资本主义的知识产权保护体系对种子进行专利保护，将原本属于公共资源的和作为自组织生命的种子私有化和商品化，剥夺农民保留种子的权利。[7] 为此，印度生态女性主义学者范达娜·席瓦创办的"九种基金会"（Navdanya）在全印度建立了124个社区种子银行，同时鼓励当地农民持续耕种，不断培育适应未来气候危机的种子，保护生态小农的权益，以及具有生态与文化多样性的地方知识系统。

"种子行动"计划正在愈园以及其他校园公共空间建立保存原生自留种的"种子图书馆",师生可以免费得到本土农作物或野花野草种子,通过自留种保种实践守护乡土知识,表达对于具有多样性未来的期许。在与这一主题相结合的儿童生态美育项目中,我们邀请小朋友认识、了解种子的生命之美和种子作为"时间胶囊"的生命智慧,学习如何采集种子的乡土知识,并通过种子建立起人与土地、祖先、社群和未来的联系(图3)。

3. 儿童生态美育

自2021年上半年开始,愈园每周末为社区的孩子提供免费的生态美育与生态素养培育。笔者通过对生态艺术的本科课程

图3 "我们是种子"工作坊 2021年

图4 "昆虫之家"工作坊 2021年

进行转化，使其成为链接社区中小学生的媒介，并由大学生和研究生组织与策划相关工坊活动，使其成为在大学社区开展的、连接不同年龄层次教育的纽带。愈园多样化的主题为社区的孩子们开启了一扇与万物对话的窗，以体验式的学习培养万物互联、循环与多样的系统思维与创造力，并用新的感官去感知、体验周围的世界（图4）。

孩子们在此一起劳作和锻炼身体，享受自己种植食物的乐趣，与大地和泥土接触，学会使用各种工具，搭建设施与另类建筑；探究物质和能量的来龙去脉，发现现实中被遮蔽的问题；体会身体与环境如何相融为一体（例如：通过想象放慢节奏的饮水，想象环境成为身体的过程）；参与剧场表演；学习螺旋、波浪、斐波那契序列等自然模式，感知自然中的组织方式与数理知识；以歌德现象学的方式深切感知植物的形变；进行"人类世"[8]城市考古挖掘。

这一有机融合的生态素养培育将以头脑、心灵与双手整全的教育回应今天教育中身体与土壤，课程、生活和现实的分离，将引导学生从陶醉于获取碎片知识到感悟与万物互联的生命智慧，从聚焦于现实功利转移到观照万物与未来的教育。社区孩子的父母有着不同的知识背景，这当然也成为以孩子去影响家长，进而影响各个学科、行业，从而推动建造富于联结意识、凝聚力和生态韧性的新的大学社区有机体。

"愈园计划"是一种提供希望的美学。正如美国艺术批评家露丝·丽帕德（Lucy Lippard）所言，"艺术不能只是社会的一面黑色的镜子；对于生态艺术家而言最重要的是如何唤起希望"[9]。气候变化、瘟疫、全球生态系统的退化与经济危机等都是庞大而复杂的问题，而艺术家不仅需要呈现、反思与转译问题，更需要以艺术和多重疗愈的实践来促进自然、社会、文化与教育等的修复与再生。通过"愈园计划"的生态艺术教学，我们希望未来的大学可以整合学科，重构时空，师生共学，提供深度思考，邀请包括普通劳动者在内各个领域的人参与教育，去建构具有延展、联动与辐射效应的生态共同体。

（二）消失的河流——虎溪河生态艺术行动

河流被现代工程设施控制与遮蔽：水坝拦截、水泥沟渠、涵洞等硬化和隐藏，或被填埋、阻隔，只是偶尔显现。由此，河流消失于公众视野之外。颇为讽刺的是，溪流近在咫尺，甚至就在脚下，却毫不为人所知，更不要说它的状态、历史与未来。"消失的河流"是生态艺术行动在更大的场域开展的实践，旨在探讨历史悠久的虎溪河，作为中国城市化后河流的一个缩影，从物理、心理、社群记忆与历史文化等层面的"消失"过程。这个跨领域合作项目联动了重庆环保组织"公众河流"、人类学家、植物学家、生态学家、政府工作人员、河流管网排查工人、艺所儿童美术馆、其他高校的教师，以及社区公众等不同的人群。我们以空间行走、对话、行为、社群合作与在地创作等多种方式使消失的河流在人们心中复现，重新创造我们与城市河流的联结。

重庆大学城虎溪街道因虎溪而得名，但是生活和工作于此的居民，包括大学城的师生，却很少有人意识到虎溪的存在。虎溪河塑造了作为成渝枢纽的虎溪古镇"玉带缠腰"的格局，也见证了古镇昔日的繁华与上千年历史的迭变。虎溪镇外围远处群山环抱、三面临水，是风水学中典型的"山环水抱"，也是古人效法自然智慧使自然与城市相融的生态设计的结晶。"风水之法，得水为上"，对河流水系的观察和利用是古代城镇设计的基础。美国生态艺术家贝蒂·达蒙也表达过类似的洞见，即"水是生命的基础，水也应该成为一切设计的基础"。

传统的生态智慧表达在今天的城市难觅踪影。在调研过程中，我们发现重庆大学城是以"快"为先，按照工业与机械思维迅速建设起来的。在最初设计时，城市的规划设计者没有将水作为最重要的元素进行考虑，更没有系统地考虑未来城市人口激增、雨污管网的承载、河流生态功能，乃至气候变化后未来河流、城市与居民的关系。设计者的思考塑造了现在的城市，为河流污染、人与河流的碎片化关系等问题埋下了伏笔。这就是贝特森所说的由于人的思维生态（ecology of mind）出了问题而造成了生态危机。

在虎溪这个新近城市化的现场，河流这个生命体其实也经历了从乡野的自然敞开到城市空间中的被遮蔽和隐藏的历程。在合作方重庆环保组织"公众河流"负责人余剑锋老师的带领下，师生观察到城市河流的不同状态：城市边缘的溪流自然、流速较快、生物多样，但城市中普遍被裁弯取直和硬化的河道，形成缓慢浑浊的河流，或是公园中由于下游水坝而被人为抬高的河流，还有经涵洞而转入地下进入到城市躯体内部的河流。

在与河流管网工人的合作中，我们共同走入了涵洞化的河流，在迥异于现实的时空中行走与感知。这里是一个连接自然与人工、显现与遮蔽、乡村与城市的时空隧道，我们在黑暗中仿佛走入城市生命体的内部，感受深深的淤泥与其中的异味，感受到雨水管网中瀑布般涌入的雨水所形成的壮观场景。我们也了解到与"看不见"的城市空间共生的河流管网工人这一不为常人所知的群体。没有他们定期排查、维护，我们的城市会最终瘫痪。最终，这一切建构起我们对城市河流丰富而深刻的现场经验知识。

在四川美术学院"与人们——中国新乡土艺术"社会介入艺术系列活动中，生态艺术行动参与到了大学城虎溪现场的艺术创作，并组织了寻找城市河流的"寻河启事"与"登梯观河"等公共艺术活动。学习者寻找并以全新的感官感知这个支离破碎的

图5 "寻河启事"生态美育活动 2021年

生命，与虎溪河对话并重建联结，并以此作为重要的美学体验与生态教育的过程。"寻河启事"将虎溪河视为一个仿佛失散多年的亲人，引导同学与孩子们去寻找、重新认识和亲近被沟渠硬化、遮蔽甚至被踩在脚下而成为不为人所知的存在。在现实中，城市河流被各种建筑项目切割成不同部分，并与人分离。虽仅一墙之隔，却只有刻意去寻找河流的人才可以窥见围墙内的"秘密"（图5）。此外，城市的雨污管网系统是联系人类与河流的纽带，与河流有着错综复杂的联系。我们同时也在城市空间中通过调查井盖上的编码数字，并咨询政府工作人员，来认识和解读这一系统。

"登梯观河"是在"寻河启事"河流调查的基础上，在一处长长的围墙处展开的参与式艺术活动。围墙下面就是虎溪一条支

图6 "登梯观河"公共艺术活动 2021年

流经过的地方，正前方即是这两条河流的交汇处，不远处是正处于拆迁中的虎溪古镇。行色匆匆的人们每天从单调乏味的围墙下路过，可能从未想过在围墙另一面还有一条塑造着虎溪历史的河流和一个具有千年历史的古镇！我们在围墙上展示了生态艺术行动以往寻访河流的照片与河流地图，其中展示的"登梯观河"与"两河私语"两个手绘的牌子是我们想象的未来虎溪新十景中的两个景区标识牌。我们邀请了王子洲、蒋佑碧和冉毅国等三位虎溪原住民为同学们和新居民耐心讲述未经开发的虎溪和她所承载的丰厚的历史文化底蕴，以及虎溪古镇在大学城开发中未能得到应有保护的历史遗憾。之后，我们邀请过往路人与外地搬迁来的居民登梯观河，欣赏两河交汇的美景，遥望拆迁中的千年古镇，想象她悠久的历史；同时邀请居民和小朋友根据想象描绘未来的虎溪河，以及共同完成以虎溪拆迁废墟为主题的绘画作品，从而有机联结了虎溪的现在、历史与未来（图6）。

在高度同质化的现代城市空间中，人与自然关系的疏离与碎片化影响着我们去想象、感知与理解河流作为生命整体的存在，而人类碎片化的思维更是影响城市未来的因素。人类选择何种方式与充满智慧的河流成为生命体共生，决定着人类是否有一个永续或可持续的未来。在一个自然被"祛魅"的世界里，我们是否还有可能去倾听自然的智慧？愿意去关切她的快乐与健康？我们如何与其对话？我们能否听懂她的话语——歌唱或警示？河流如何联系着生态的时空？我们又如何参与河流与外部环境的关系构建中？

小结

博伊斯说，当人与自然的精神相联结时将会创造一个新世界。生态艺术行动效法自然智慧的建构式美学刚刚"涌现"，难以与今天主流的艺术观相比。但如同大自然的自我修复力量一样，"川美生态艺术行动"希望能够对自然、社会与文化进行持续的修复，并创造一个人与万物、人与社会深深联结的崭新的未来。同时，作为一种拓展的、开放的艺术实践，它将超越单纯的再现与象征的艺术表达，创造为自然生态和社会提供福祉与服务的新艺术形态。

贝特森的生态美学观反映了人对自然联结模式的感知与回应。他的美学观启发了生态艺术行动整合与关系式的思考、行动,以发展具有共情能力、新感知能力与系统思维能力的主体,引领未来教育与艺术方向,为受现代分裂思维影响的教育与艺术提供新的可能。

(靳立鹏:　四川美术学院实验艺术学院讲师)

注释:

[1] Durini L.D.D., *Beuys Voice* (Kunsthaus Zürich,2011), P.349.

[2] 格雷戈里·贝特森:《心灵与自然》,钱旭鸯译,北京师范大学出版社,2019,第9页。

[3] 大卫·W.奥尔:《大地在心:教育、环境、人类前景》,商务印书馆,2013,第8页。

[4] Capra F, The Web of Life: *A New Scientific Understanding of Living System* (New York: Anchor Books, 1996),pp.297-304.

[5] Reason P, *Participation in Human Inquiry*(London: Sage,1994),p.10.

[6] Kumar S,*Soil·Soul·Society : A New Trinity for Our Time* (Lewes: Leaping Hare Press, 2013),pp.116-118.

[7] 范达娜·席瓦:《生物剽窃:自然和知识的掠夺》,李一丁译,知识产权出版社,2018。

[8] 我们刚刚组织了现场的考古挖掘与建筑垃圾考古研究活动,人类世是指人类成为地质决定力量的地质时代,城市化是推动人类世进程的重要力量,在城市化过程产生的各种建筑垃圾如大理石、灰岩、水泥之类其实被人类以开发的名义,从具有亿万年历史的地层挖掘出来,形成了一个各个时代混杂,又问题重重的现场(例如大理石中的放射性物质)。

[9] Lippard L.R, "The Garbage Girls",in Jeffrey Kastner, Brian Wallis. *Land and Environmental Art*(London: Phaidon, 1998), p.261.

找"艺人"

娄 金

　　在我的家乡羊磴，"艺人"有两个意思：其一，有手艺活的兼职农民，因掌握独门绝技很是吃香，俗话说：头阉、二补、三打铁、四木匠，从排名可见老百姓对艺人的尊重。其二，对调皮小孩的教育用语——"你勒个艺人"。举个例子，记得儿时我拿着砍柴刀躲在柴堆里兴致勃勃地制作玩具时，妈妈发现时便会厉声道："你勒个艺人，还不砍柴去！"我怀疑，也许后一个"艺人"是异于常人的"异人"吧。不过，当地没有谁有兴趣去考证和辨析两者的不同，大家有意无意地混用，反倒显示出某种智慧和机趣。

　　艺术家邱志杰说，"'藝'者，一人曲膝跪地培植草木之象，诗曰：我执黍稷。艺术者始于农艺"，可见，"藝"在农村代代相传，其自身带有劳作性、技术性和创新性的特征。在乡村，"艺"是有用于日常生活的，生老病死、吃穿住行都离不开手艺，艺人是需要学习传承技艺并兼具个人特点的一种社会分工。而"异"的特点是，有分别、不相同、异于日常。艺人是异类，与日常不相关、短时间创造不出价值的一类人。费孝通在《乡土中国》里提到中国乡土社会是一个"熟人社会"，没有陌生人的社会。每天与土地打交道的村民与自身生长环境是"熟悉"的，村民对自已的了解以及与其他村民之间的关系是"熟悉"的，"异人"在以农业为主的乡村是"不存在"的。这也是中国农民的某种固有认知。

随着信息社会的高速发展，大部分农业人口陆续从农村涌入城市，中国的城市化发展日新月异，在羊磴也不例外。社会经济发展助推的打工潮以及国家的高山移民政策，短短几年间，整个羊磴镇桃子村从以前几百户人家减少到现在十来户，镇上原老街的河对岸多了一座"新城"。面对这突如其来的社会变化，每一个个体都不得已要调整自己的姿态。羊磴艺术合作社2011年成立至今，就见证了这一事实。合作社发起人焦兴涛说："（在羊磴）不是采风，不是体验生活，不是社会学意义上的乡村建设，不是文化公益和艺术慈善，不是当代艺术下乡，不预设目标和计划。"这些"不是"就是要异于既定模式，跳出既有模式，寻找不一样的过程、不一样的事件，甚至不一样的人，在现场发生和发展。

起初，羊磴艺术合作社的社员走在街上，从镇民异样的表情中可以发现，大家对艺人的认识是从"异人"开始的，认为艺术家做的事不可思议。慢慢地村民发现这些"异人"还是靠谱的，做的很多事情都很有意义，比如：花同样的钱在冯豆花美术馆里可以吃豆花饭和欣赏作品，布置在桥上的长凳可供休闲，河中废弃桥墩上的"交警"可以防小孩下河洗澡，学校里和山头上的雕塑可供观赏，和艺术家聊天可以陶怡情操等。在这种融入式的参与过程中，艺术家、村民有机地整合为一体，共同发现偶然和意外。

一、找艺人之——令狐昌元

2013年夏,羊磴合作社成员在羊磴镇上做赶场项目,用的展品是第一期"木工计划"中与木匠合作的作品。为了使赶场展览气氛更加活跃,张翔在红纸上用毛笔写上"找艺人"三个字,通过这种广告语的方式直接与老百姓互动。我坐在广告牌旁边,与前来打听的艺人交流沟通。"找艺人"以一种行为的方式被正式提出,并得到了一些意外的收获。

令狐昌元就是在这次赶场的时候遇见的。我们都叫他令狐大侠,现年32岁,初中学历,毕业于羊磴中学,家有父母,育有一女二儿。令狐大侠由于长期驾驶摩托车,高耸的大背头被风吹得高高耸起。他神采飞扬,说话时身板笔直,话语间还带有一种江湖侠客的潇洒与干净利落。他对我们的活动很感兴趣,喜欢新奇事物,很想和我们一起玩儿,只是家里的农活甩不开,很是无奈。

2013年夏,羊磴街上酷热难耐,令狐大侠邀请我们到其山上老家乘凉。我同焦兴涛、李竹、张超从羊磴街上出发,开车将近一个小时就到了。他家地处贵州与重庆的交界地,海拔1400多米,再翻过山就是黑山谷,风景优美。令狐大侠的住宅是20世纪八九十年代修建的土屋——典型的黔北农村民居。他们一家四口居住在一间土屋的偏房里,屋里只有几件装粮食的简式柜子和一张床,居住条件十分艰苦。

令狐大侠小心翼翼地从墙缝里取出自己闲暇时创作的作品,逐一打开让我们欣赏。令狐大侠如此描述这些作品:刚刚开始画画的时候才初三,由于家境贫穷,个子矮小,遭到同学冷落,心生寂寞，于是就想到把自己的所思所想画成画。这样可以打发自己独处的时间，也可以与老师和同学们沟通交流，这个习惯延续至今。他喜欢将自己的作品通过QQ空间展示交流、抒发情怀，上传作品的同时还附上一些打油诗。

2017年令狐大侠在重庆万盛购置了新房，农民变成了"居民"，他在羊磴有一间自己的修车铺，每天驾驶一辆皮卡车，翻山越岭，急救抢险，生意很好。空余时间，他把日常工作和生活中的精彩瞬间画成画，拍成视频，在抖音上分享，很有感染力。他抖音玩得很溜，有很多粉丝为他点赞。回溯昌元的艺术表达手法，床单上画画、废木材做木雕、QQ微信写诗、拍抖音视频等媒介都有所涉及，这些表达方式都与他的生活融为一体，真实感人。

二、找艺人之——谢小春

在羊磴参与"羊磴画皮记"项目时，我们第一次见到谢小春，他的住房就在项目范围内。他50多岁，穿着一件浅蓝色的羊磴加油站工作服，倚在他家旁边的吊桥上圈点指画，嘴里不停地吐着烟圈。打过招呼之后，他带着我们打开他家"地下车库"的房门，在这个杂物间，看见了谢小春雕的《美人蛇》《树椅》《山峰笔架》等木雕作品。可以看到谢小春自带的"艺术"基因。后来，这个地下停车库成为了合作社的艺术空间"小春堂"，在这里展览过"羊磴十二景""郭开红""一生一世、万寿无疆""羊磴画皮记"等艺术项目。

俗话说，一回生、二回熟，只有长时间地打交道才能验证过程的有效性。羊磴本地人也是羊磴艺术合作社社员的谢小春说，他不清楚我们到底要干啥子，就是"好耍"哈。当然，谢小春用自己的行动证明自己要干什么，从他加入合作社后第一次拿起画笔到现在，谢小春画了数百张纸上绘画，他把这些画称作"年代画"。谢小春说："我的画虽不标年代，但也有年代的内涵，故自称'年代画'。"原来，谢小春的父亲喜欢唠叨20世纪六七十年代的事物，谢小春说他都听烦了，干脆把他父亲的口述历史画下来。每画完一张画，谢小春都要让父亲验证景物是否属实，这样他父亲再"唠叨"的时候就让他直接看画罢了。

至今，谢小春都不认为自己是艺术家，最多算是一个农民画家。除了农民身份外，他还是医生、商人。他开过药店、砖厂、旅店，养过蜜蜂，卖过汽车配件，现在正在经营羊磴加油站……对每一段经历他都侃侃而谈，自豪得意，幽默风趣，一个十足的"异人"。他说自己胆子大，别人敢干的不敢干的他都干。每次大家在一起聊天，他必定是主角，他说话的时长占用公共时间最久。仔细想来，他身上的这种"异"就是需要去找的，在一来二往的合作与参与中，找到大家都感兴趣的事情，并转化为艺术的形式。

三、找艺人之——郭师傅

在农村，"师傅"是对艺术家的一种尊称。郭师傅叫郭开红，1966年1月5日生于羊磴，卒于2019年4月18日的一次意外。

他是一位农民、木匠、电工、泥水工，还是四个孩子的父亲……除了"艺术家"之外，郭师傅还身兼数职。

记忆中的郭师傅性格幽默且实诚，手艺精湛且娴熟，对艺术向往且热爱。郭师傅和我老家仅隔着一条小河，而且都在大山山腰。在童年的记忆里，我家的木家具都是请郭师傅帮忙打制的。因异于农事，每当看到郭师傅进行选材、下料、刨花、卯榫、组合、打磨、上漆等一系列木工时，我都感到很愉快。虽说没有亲身参与制作家具的全过程，但每一次驻足我都记忆深刻。

我和郭师傅的艺术再次结缘是在2009年冬天。我在老家用木工砂纸反复打磨柴火时，郭师傅非常好奇，这为我们讨论木工手艺、雕塑艺术等话题打下了基础。同时，我们一起完成了《棘》《对》《穿越》《偶》等木质作品。这些作品呈现的形式很现代，有极简主义、物派、贫穷艺术等流派的影子。作品创作过程是合作的，是共同讨论一起参与的，是共同学习的过程。这个过程让我思考个人与集体的关系、自然与人工的关系、乡村手艺与当代艺术的关系。让人意外的是，郭师傅在同一时期，利用空闲独立创作了《果盘》系列等作品。显然，郭师傅这种民间的手工艺术品更具有一种野生的原始力量，更具有原生性和本土性。

郭开红是羊磴艺术合作社的老社员。"羊磴艺术合作社"成立时，郭师傅是首批加入的社员，从选址调查到木匠组织，郭师傅都全程参与。同年冬天，就在羊磴镇的苦楝村开展了合作社的第一次艺术活动——"乡村木工计划"，郭师傅想法很多，在村民和艺术家之间充当"翻译官"，解释双方的想法。郭师傅还曾去过四川美术学院重庆黄桷坪校区，见到雕塑工厂垃圾堆有很多闲置的人物雕塑。后来，他提议把这些雕塑放到羊磴中学供师生欣赏，这个建议很快被大家采纳了。在"木工计划"中，郭师傅完成的木雕作品《敌人》，受到社员们的一致好评。后来，郭师傅在工作的闲暇时间开始了自己的木雕创作，一发不可收拾，前前后后创作了近百件雕塑作品，其《拐杖系列》《虫子》《精子》《勇敢的女人》《招财猫》《美人鱼》等作品让人印象深刻。其作品先后在羊磴小春堂、重庆LP艺术空间、羊磴艺术合作社等地举办展览，还参与了"社会剧场"——第五届重庆青年美术双年展的群展。

2016年夏天，以郭师傅创作作品《虫子》为契机，合作社拍摄了他主演的短片《瞎起长》。郭师傅的表演幽默滑稽、搞笑、意味深长，让观者不禁捧腹。拍摄片子所选取的地点是郭师傅的房前屋后，故事讲述的是一件雕塑作品的创作过程：郭师傅砍伐一棵斜起长的柏树作为作品材料，又根据材料雕琢出几只虫子歪斜着脑袋、"跃步"向前，正在"瞎望"。羊磴方言里面说的"瞎"起长本意是"斜"起长，因树木生长在山坡峭壁处，生长的树干必定倾斜于地面。

郭师傅对艺术的热爱由来已久。从学生时代开始他就养成了记读书笔记和个人想法的习惯。记录就是力量，从郭师傅的草图中、雕塑上、表演里，都能感受到这种"瞎起长"的生命力。从郭师傅个人的作品到合作社的一系列项目活动，从羊磴艺术合作社开初的"不是"到现在的"是……"，其工作轨迹正是从"瞎起长"到"斜起长"的过程。

结语

很多时候，我都会莫名地自问自己是谁，自己在做什么，自己能做什么，自己是艺人吗。本质上，每个人都在寻找自我，在挖掘自我内心的原点或游走在自我的边缘，这种寻找是每一个生命体与生俱来的艺术因子。在成长的过程中，若有幸，社会的边缘成为自我未知领域探寻的试验场，那么我们从踏出边缘线的那一刻开始，新的方式或语言就会出现。想起艺术史家贡布里希的一句话："如果某些事情本身就成了它自己的目的，那么我们就有权说它是艺术。"艺术是寻找，是过程，是事件。在某种程度上，"人人都是艺人"。

"找艺人"是一次又一次偶然的碰撞、意外的收获、必然的聚合。"找艺人"是一次实验、观望、寻找、采集、嫁接、发现的过程；是拥有相同兴趣点的朋友聚在一起的相互交流的过程；是有望和村民们走出一条不一样的道路的过程。

找艺人，既是工作，也是艺术。

（娄金：四川美术学院造型艺术学院雕塑系讲师）

一盒来自羊磴的黄桃——在"乡村建设"中我们如何定位"艺术"？

姜　俊

　　在一次关于乡建的公共艺术研讨会中我预定了一盒"艺术"黄桃，几周后来自贵州桐梓县羊磴镇的木元黄桃就寄到了我上海的家中，还附带了艺术家和当地村民共同绘制的风景画明信片。他们通过绘画为一个中国平淡无奇的普通小镇羊磴创造了新编神话和"羊磴十二景"。就如同1344年元四家之一的吴镇通过绘画《嘉禾八景图》卷造就流传至今的"嘉兴八景"或"南湖八景"，在此艺术家又一次扮演了"点石成金"的角色。

　　"黄桃"二字前之所以拥有了"艺术"这个前缀修饰，那是因为它被置于一个叫作"羊磴木元黄桃艺术节"的项目中，由一批来自四川美术学院的艺术家们和羊磴村民共同组成的"羊磴艺术合作社"策划参与。黄桃就是这个艺术节、艺术项目的衍生产品，或者就如同杜尚的《泉》作为艺术的"现成品"。同时，黄桃还是这个参与式艺术项目的关键——当艺术的接受者吃掉了黄桃，项目才能宣告完成。因此，它获得了两个关键词"乡村建设"和"艺术"，也就是我想在此展开的讨论。

一

21世纪的乡建起源于2000年学术界开始提及的"三农"问题，最后上升到了国家战略。按照温铁军教授的说法，"三农"依次为"农民""农村""农业"，即以人（农民）为本，从人开始涉及环境（村镇），最后再重构产业（农业和非农产业）。乡建起源于这样的社会背景，改革开放以来的"城乡二元制"使得各种生产要素都趋向于经济优势地区，从人到资本，甚至土地都被纳入城市。乡村成为弱势的一方，处于长期亏空的状态。乡建就是要通过人为的方式使失衡重归平衡，使各种从乡村流入城市的生产要素可以形成逆流。这一逆流的突破口必须要落在乡村的主体"人"上面，即通过对人的改造来重建乡村，而其根本就是"教育"。只有"被重建的新主体"根植于乡村，并致力于新的人力组织关系，即从一人到众人，同时在政策的配合下各生产要素的逆流才能实现，并发展出城乡之间新的双向交换模式。

艺术所代表的美学（感性学）就是主体重建的触发器。在德国观念论哲学中，特别是弗里德里希·席勒（Friedrich Schiller）的美学框架中，感性设置在社会变革中扮演着核心的作用，甚至先于理性。通过移风易俗人们便能创造新的生活方式和人力组织形式，从而推动社会的变革。其中席勒强调"自由的游戏"（Freies Spiel），即艺术的教育（Bildung）的职能。在非功利的"艺术活动"中参与的主体形成了自我的重新构建（bilden），从而实现了整体社会的继续变革。因此这一理论也构成了之后所有社会参与性艺术的基础，特别是博伊斯的"社会雕塑"。因此如果

“三农”问题重在“农民”，那么重建乡村主体的工作便要放在“美学教育”（die ästhetische Bildung）之上，通过感性上的移风易俗来启动乡土社会的重建。

在这点上，中国共产主义革命实践有着丰富的经验，刘康教授在《马克思主义美学的形成：从上海到延安》中展现了一条在革命乡建中的美学脉络。在1927年第一次国共合作破裂后，发源于大都市上海的中国共产党逐渐转向了江西农村，最后在延安建立了红色革命根据地。在抗日战争期间，大量的城市知识分子们来到延安加入到共产主义革命者的行列。于是中国共产党面临着一个新的挑战：对文化程度普遍较低的农民追随者展开革命教育，因此源于西方城市工业化的马克思主义文化必须进行中国式转型，为了符合农村革命根据地的建设和农民游击战的现实，对于农民主体性改造就成为中国共产主义美学的重要任务。

在城市革命向农村根据地建设转型期间，瞿秋白提出了他的美学理论。面对共产主义革命的转向，如何融合城市马克思主义知识分子和农村的农民成为他核心的理论关涉。而其中的双重文化教育和文化改造变得极为重要，一方面是面对城市知识分子的，知识分子必须和占大多数的农民相融合，把自己从“资产阶级专家”改造成“无产阶级化的知识分子”；另一方面，也是最重要的，就是帮助农民从传统礼教下解放出来，并将其改造成为无产阶级革命者和战士。1935年瞿秋白牺牲之后，这一双重改造的思想被毛泽东延续、发展。文化变革和文艺改造（美学教育）成为重中之重，并在1942年的《在延安文艺座谈会上的讲话》

中被提升到推动中国革命和开展中国马克思主义教育的核心层面。绘画、音乐、戏剧、摄影等都必须为了双重主体的意识形态改造服务。艺术塑造了新的个体，从而构建了新的群体，同时也创造了革命。当然这也奠定了新中国成立后艺术和文化作为革命工具的属性，无法完全实现其自律和本体性。至今，人们仍习惯于将艺术作为达成某种社会总体性目标的手段，而非目的。

二

回顾中国共产主义革命中文艺所扮演的历史角色，即在乡村红色革命根据地建设中对于城市知识分子和农民的双重改造，在21世纪的新乡建中我们同样看到了类似的关系，即城市知识分子下乡——温铁军的说法是"市民下乡"，农村本土结构的再造，以及农民主体性的重新建构。

2012年来自重庆的艺术家焦兴涛和一群四川美院的年轻教师兼艺术家在羊磴镇发起了叫作"羊磴艺术合作社"的综合艺术项目。他们当然可以被理解为新时代下乡的城市知识分子和文艺工作者。有趣的是在与1942年《在延安文艺座谈会上的讲话》中明确的文艺创作的目的对比，新一代艺术家们在论述自己的工作时以一连串否定开始：

不是采风，不是体验生活，不是社会学意义上的乡村建设，不是文化公益和艺术慈善，不是当代艺术下乡，不预设目标和计划。

这无疑是一种当代艺术家的"狡黠"修辞，否定一切被定义和归类的可能性，正是为了让艺术保持开放和多元的诠释，即一种对于被工具化的警惕和对于自律的声称。他们通过艺术来创造交流的场域，带来反思的空间，而不是有的放矢的实施自我和村民的改造，从而服务于某种超越性的理念。

　　他们在羊磴镇展开了对于村民来说耳目一新的、被称为"艺术"的工作。在当代艺术家们的坚持下，村民们抱着各自的目的，或是积极、或是消极、或是旁观性地参与着。村民即使对于参与其中的艺术家们来说，这些实验性很强的艺术项目都难以定性。每一个"人为"构建出来的艺术场域将日常的生活撕出了一道口子，带出了不同的现实问题，在两个群体不同的视角与知识背景下迸发出激情，并将错位的他们重新连接起来。在"艺术合作社"下，城市艺术家们和村民们在相互理解中达成了一致，产生了久违的共鸣。

　　另一个有趣点在于他们运用了"合作社"为自己定名，这是1952年出于"统购统销"目的而成立的组织。当初，合作社的诞生是因为需要从4亿分散的小农处集中农业收益来补贴新中国成立后快速发展的工业化和城市化建设，以一种统购统销合作化的方式有效地获得农作物，自此全国就建立了400多万个农村合作社。

　　今天由艺术家和村民组成的"羊磴艺术合作社"是非经济目的的，是艺术家和村民共创艺术的"同好联合会"。这更像是围绕共同兴趣展开的俱乐部。在"自由的游戏"（艺术活动）中，艺术家与村民一起构建趣味的共同体，最终实现双方的主体性的重构和升华。因此，"羊磴艺术合作社"的艺术项目被纳入到社会介入性、社会参与性的艺术范畴之中。但笔者却更期待这一社区组织从美学过渡到经济和社会层面，从而实现艺术和乡建的结合。

在"羊磴艺术合作社"成立的第九年，艺术家们终于组建了自己的有限公司——"重庆羊磴文化传播有限公司"。在艺术项目之外建立了和村民们经济合作的新模式——一家社会性企业（social enterprise）。如果说21世纪中国"乡村建设"的本质是为了扭转城乡之间资源配置的失衡，那么"艺术乡建"中"艺术"必定是需要遭受被"工具化"的命运，因为艺术在这里被一种更经济性和社会性的目的所主宰。"羊磴艺术合作社"的公司化运营正是通过自我结构重组（城市艺术家和村民结合成为经济主体），运用艺术文化与环保理念来吸引城市中产阶级的关注，从而完成文化产品最终的消费变现。比如在"羊磴木元黄桃艺术节"背后，在那一盒黄桃中，我们看到了艺术在自我工具化过程中完成了对于乡村经济和社会重组的支持：一方面在创意和文化艺术的语境下展开的经济性构架初步浮出水面，另一方面一种类似于社区支持农业（CSA——Community Supported Agriculture）的模式正在黄桃的城市社区团购中被试验着。在这一社会企业的操作下，城市经济资源向乡村逆向流动，并在有利于村民的方式下实现分配。这也是在"羊磴艺术合作社"中所达成的共识。

三

为了理解"羊磴艺术合作社"最近的新举措——"羊磴木元

黄桃艺术节"和"木元黄桃团购计划"，不妨参照一下20世纪六七十年代西方的艺术和生态乡建——可以归结为文化旅游和生态农业两个方向。

"二战"后，西方世界经历了20多年的快速经济增长，这使得中产阶级社会初见规模，也形成了人类历史上从未达到过的物质富足，供给远远大于需求，被称为"消费社会"。面对所谓的"非物质消费""后工业""后现代""后物欲"……等讨论，精神性、个体主义、环保绿色、多元文化……等意识逐渐成形。逃离城市、回归田园、重建生态乡土和传统文化在都市成为一种风尚。这甚至可以追溯到发生在18世纪、19世纪欧洲的浪漫主义、田园城市（Garden Cities）和工艺美术运动（The Arts & Crafts Movement）——它们都建立在强烈的美学诉求之上，成为抵抗工业化、城市化等一系列现代化政治经济方案的美学性补偿。20世纪六七十年代西方的"市民下乡"风尚可以被理解为一种浪漫主义的历史回潮。

在土地产权私有化和可以自由买卖的西方国家，市民下乡和农民进城成为一种双向流动，其中当然包含着资本和技术的下乡，以及对于农业的重新现代化和生态改造。传统的浪漫主义、乡土主义和新兴的绿色环保理念结合起来，在一定程度上缓解了城市虹吸效应导致的资源单方面流动，在政府政策的鼓励和本地社区机制的辅助下完成了一定程度的城乡平衡。

城市的经济优势不可撼动，而乡村极其丰富的文化历史资源也不能被忽视。在中产阶级对现代化同质性的批判中，20世纪七八十年代人们迎来了再次闪闪发光的地方性文化和民俗，并将其很好地结合在旅游业的重塑上。众多古村镇建立了自己的文化艺术中心，乡村的在地文化与都市的时尚艺术相结合，无数的文化艺术项目如雨后春笋般涌现出来，激发着市民的乡土情怀和文艺之心。这不仅为本地创造了大量的旅游收益，也为本地劳动就业做出了贡献，同时这样的文化艺术项目还提供了一种双向教育的场所：中产阶层来到乡村和村民共同协作，乡村的传统文化和与新媒介的结合营造了嘉年华般的地方文化艺术活动。这一历史经验可以为"羊磴木元黄桃艺术节"提供参照，并将这视为国际性的还乡浪潮的一部分。

　　除此之外，在西方20世纪六七十年代崛起的生态主义风潮也导致了城市中产阶级对于环境，特别是食品安全的担忧。回乡不仅是出于文化身份的归属感，还有对于绿色环保理念的践行。在现代化的化工农业之外，开创了注重食品安全的生态农业，实现了农业的多元化。一种被称为"社区支持农业"的新型城乡模式应运而生。它构建了农民生产者与市民消费者之间农产品直销的社区模式。这一模式在"木元黄桃团购计划"中也可以瞥见，这也可以被理解为一种长期契约型的生态团购。在CSA模式中，农民和市民之间必须形成互信，并共同承担市场和天气等农业生产的风险因素。这一模式除了提供农产品的配送外，还包括亲子农耕教育、健康生活方式培养等一系列体验性项目。在有机、健康的农业劳作中，营造出城乡互助的社区关系。

　　就如在羊磴所见，"木元黄桃艺术节"和"木元黄桃团购计划"是一体的。在西方，这种生态农业与CSA社区模式会和乡村文化旅游结合起来。一方面，更多的市民回归田园生活，学习村

镇、民族传统、生态农业，以及健康饮食的知识，或者直接加入
到具体乡村建设的工作中成为新村民；另一方面，村民在与市
民一起工作，或服务他们的同时，也有更多机会接触、学习现代
化的经营方式，栖身于收益更多的新型产业系统。这仿佛呼应了
瞿秋白在革命时期所提出的双重改造——中产阶层和村民在美
学游戏和经济生产中完成了自我的重塑。

四

今天的中国在改革开放 40 多年后也进入了中产阶级社会。
重新协调城乡之间的平衡，促成城乡之间各种生产要素的双向
流通，共同走向富裕，成为 21 世纪乡村建设的共识。"羊磴艺术
合作社"从一个市民和村民共同组成的艺术同好会逐渐演变成
为社会企业，这是一个值得继续跟踪研究的案例，我们必须重新
审视乡建和艺术之间的关系。

艺术的发展始终在自律与他律之间徘徊，如果将艺术放置于
乡村建设这个经济和社会发展的大命题之中，那么它必须具有
工具理性。但我们也不能忘记，只有当艺术作为非功利的"自由
的游戏"时才有着无限的魅力——这是一种主体性建构的力量，
既可以让我们团结凝聚，也可以治愈我们被现代化扭曲的心灵，
安抚我们无家可归的精神，还能够在批判中使我们保持反思。在
艺术乡建中我们必须要明白这样一个悖论：为了使城乡之间形
成资源的双向流动，艺术既要具有工具理性，但又要坚持艺术的
"自律"。只有当艺术是艺术时，艺术才是最"本真"、最富有"魅

力"的，从而吸引富足的城市资源下乡。因此，我们有责任为艺术奠定经济和社会基础，创造文艺工作者和社会服务以及企业管理人员之间有机协作的机会，让艺术发挥更大的力量。

（姜俊：策展人、艺术评论家）

艺术成为一种合力
——从"山·水·乡·人：2021乡村艺术工作营"谈起

武小川　任一飞

　　当下的农业文明正在发生根本性转型，农业工业化、农村城镇化、农民市民化的现代化趋势无法阻逆。在这样的时代背景下，寻求乡村多样化发展的可能，寻求符合自身实际的发展路径，寻求可持续发展的方法是这个时代的重大命题。

　　近年来，西安美术学院实验艺术系师生们扎根关中乡村，创立关中艺术合作社，用艺术实践助力乡村发展，用教学实践带动乡村振兴。2018年6月麦收时节，在西安鄠邑区（原户县）石井镇蔡家坡村创办的"关中忙罢艺术节"，至今已成功举办三届。艺术节以终南山为背景，将乡土田地变为艺术空间、展演现场，设置"终南戏剧节""麦田艺术展""合作艺术项目""关中粮作"等多个板块。用艺术激活忙罢节庆传统，推进乡村旅游，突出在地性、生态化、实用性。将乡村传统的生活方式、价值认同、规范秩序，传统农业文明的礼俗文化，儒家"官学"所倡导的"乡约""乡礼"，通过与现代文明、品质生活相结合，延绵其不息的生命力，共同构筑城乡文化相互成就的有机关系，合力促进乡村文化振兴。

　　2021年"第3届关中忙罢艺术节"，设置了"终南戏剧节""大

图 1 "山·水·乡·人：2021 乡村艺术工作营"
项目主海报 2021 年

地生态艺术节""社区艺术节"三大板块，共计 25 场活动。其中，
邀约 10 所院校共同举办的"山·水·乡·人：2021 乡村艺术工
作营"（图 1 ）为今年新项目，不断拓展艺术节新的可能性。

相互激荡的实验场

2021 年 7 月 25 日至 8 月 15 日，作为"第 3 届关中忙罢艺术节"
的第五个项目——"山·水·乡·人：2021 乡村艺术工作营"，

图 2　工作营在中国户县农民画博物馆考察合影 2021 年

在蔡家坡村开展。组委会邀约了中央美术学院实验艺术学院、中国美术学院跨媒体艺术学院、清华大学美术学院、上海美术学院、广州美术学院跨媒体艺术学院、四川美术学院实验艺术学院、天津美术学院实验艺术学院、鲁迅美术学院当代艺术系、西安建筑科技大学艺术学院、西安美术学院实验艺术系（排名不分先后）等院校师生，学员囊括实验艺术、跨媒体艺术、雕塑、建筑、设计等各专业的硕士博士共计 28 人，工作营导师包括各院校的学科专业带头人 12 位。师生们立足于乡村建设的广袤宏图，研究本地丰富的历史传统人文特色，分析村镇产业现状，了解三农发展情况与趋势，结合村镇特点，因地制宜，开展在地实践、现场创作。

青年艺术工作者，在乡间开展艺术考察与实践，共同学习，共同创作，共同生活，构建出一种合作交流、相互激发、相互切磋的学习氛围。"工作营"开展期间组织了文化考察，举办了三次项目交流会，两次项目评述会。邀请十所院校导师，开展了11场十分精彩的讲座，介绍各类艺术在地性的工作经验，使得"工作营"成为一个艺术教育与学术思想激荡的共同体（图2）。

"工作营"开展期间，来自全国的青年艺术家们，共创作出了16组作品/项目，包括十件大型雕塑装置，四组艺术项目，两个影像作品，设计了一整套《石井街道蔡家坡村导视系统》（共计80余件）。同时，还联合本地文化机构，设计《终南麦田剧场环境改造方案》，设计并建设剧场边的"口袋公园"，并协助蔡家坡村开展"美丽庭院"规划。实践过程贯穿合作、参与、介入的方式，"工作营"也成了跨院校之间合作、竞争的实验场。青年学子施展艺术能量，通过艺术的创造性思维与专业能力在乡村开展有价值的文化实践，为乡村文化振兴做贡献。

（一）参与式实践

今天，艺术的维度已变得极为多元，任何一种单一化的论述都难以概括其边界。本次十所院校所进行的乡村艺术工作，强调在地性、生态性、可持续性的方法逻辑。其艺术实践都基于乡村具体的现实情境而开展：或根植于本地问题，或源于个体感受，

——从"山·水·乡·人：2021乡村艺术工作营"谈起

图3（上、下图）中央美术学院　王长城"美化"现场　2021年

图4　四川美术学院　程清可"版画工作坊"现场　2021年

图 5　西安美术学院　樊响　任一飞"数星星2"项目现场　2021 年
图 6（中图）天津美术学院　任佳文　徐帅《忙罢》

或是在师生与村民的交流合作中被激发。

　　中央美术学院的王长城长期关注老人问题。来到蔡家坡村后，人口普遍的老龄化以及村落结构的分散性带给了他很强的冲击。他将目光聚焦到了老年人理发这一具体的生活问题上。通过一种社会编织学的方式，邀请本地修剪园林的绿化工人，通过短期职业培训，转变成专门为乡村老人服务的理发师，最终以参与式艺术项目的方式在村内实施：绿化工人们来到乡村修剪花草树木，同时也能为老年人修剪头发。街道上，一组园丁在修剪枝叶，另一组则为老人们修头刮面，这一场景既特别又温情。此后，作者还与当地政府建立长期的合作关系，使其成为可持续开展的项目（图 3）。

图7　四川美术学院　李丽潞《摇摇发》

　　四川美术学院的程清可将目光聚焦在了儿童美育问题上，与蔡家坡金龙小学的学生们共同开展了"版画工作坊"项目。她将各年级的师生随机组合，开展参与式的艺术工作。师生共同探讨、合作创作版画作品，并将孩子们的创作用瓷砖转印，重组成"跳房子"（一种儿童游戏）的形状安装在学校广场，转换为培育协作意识和锻炼身体平衡的游戏空间（图4）。

　　西安美术学院的李财林和杨蕊敏的项目"记忆空间"是以本地村民王东印废弃的老宅为基础，以旧物回收和空间再造的方式，构建了一个饱含集体记忆的场所。而西安美术学院的任一飞与樊响在项目"数星星2"中（图5）重新发掘了露天剧场的功能：艺术家选择漆黑沉寂的夜晚，在终南剧场中摆放了20个按摩床

图8 中央美术学院 李晓彤《风中有朵云做的雨》

垫，召唤村民群众前来躺下并仰望漫天星河，感受大地与身体的颤动。他们试图构建一种奇妙的身体感受，探索日常身体与剧场空间的多重感性、可能性。

（二）在地装置（景观）

天津美术学院任佳文和徐帅的《忙罢》（图6）动态装置，灵感源于本地丰富的声音：庙会中的唱腔、盛夏的蝉鸣、潺潺的流水激活了他们的敏感神经。在经过和"工作营"导师与其他学员的多次讨论后，在麦田终南剧场旁的"口袋公园"他们构建起12

——从"山·水·乡·人：2021 乡村艺术工作营"谈起

图9 中国美术学院 林逸宁 张炜秋 西安美术学院 吴彦臻《问日》

组由竖起的木桩、悬挂的农具、风动的扇叶等共同生成的风动装
置，在自然风的作用下，悬挂的农具相互敲击。这些竖起的木桩
均为本村内拆迁房屋的栋梁，以一种遗存物的方式被激发出新
的功能。

　　四川美术学院李丽潞的作品《摇摇发》(图7)是专为村内儿
童设计的互动装置作品。在村口的草坪上，几组圆盘受力之后会
左右摇晃，圆盘上的人形扶手是从户县农民画中截取出的儿童
形象。孩子们在装置上游戏的同时也在与画中孩童共舞。在创作
过程中，作者自身的实践维度也逐渐被打开，李丽潞此前的作品

大都从个体经验出发，偏向一种私密性情感表达的创作逻辑。当她以驻地创作者的身份来到蔡家坡后，在与本地村民的接触中，如何在社会空间中进行创作，如何处理伦理关系都成为要直面的问题。最终，作品呈现出参与式游戏装置的形态，这其实也是现场对于创作者自身主体性的塑造。

另外一些作品则更具有景观化特性，中央美术学院的李晓彤基于当地发达的旅游业开始探讨：谁有权制造景观？什么景观是可感的？景区之外的风景可以是什么样子？作者试图使那些日常被忽视的地方也具有更多可能。在《风中有朵云做的雨》（图8）里，她在山间的湖面上安置了数块云形不锈钢镜，以此制造日常空间的别样风景。整个作品以一种浪漫、微观的角度，发掘着我们对于周边环境的更多感受。

中国美术学院的张炜秋、林逸宁与西安美术学院的吴彦臻合作的装置《问日》（图9）聚焦于人与环境的关联。他们在一棵大椿树下，安装了一个斜角10度的镂刻着天象图的白色钢板。结合日晷的运行逻辑，选择二十四节气的时间节点，对树干落在钢板上的投影进行蚀刻标注。随着痕迹持续的积累叠加，时间迹化成具体的在地性。清华大学美术学院的朱广、孟超两位博士则延续雕塑创作经验，结合自身感受，创作了两件大尺幅的作品《庆愉年》《写生终南山》。西安建筑科技大学的赵博文、左敏根据自己的儿时游戏记忆制作了《儿时系列》。这些作品依据地理特性在方圆几平方公里内有机地构成了一个社会展场。在诉说、表达作品意愿的同时，也为本地村庄提供了不同的叙述经验。

（三）乡村设计与影像剧场

除了参与式的艺术项目和各种类型的在地装置外，设计和影像的创作也构成了本次"工作营"的另一层维度。上海美术学院的黄厚望和王思雨，试图通过乡村设计的方式，进行更具有功能性的艺术生产。基于村内原有导视系统的复杂和错乱，在20多天的时间内她们提取了当地的农民画元素，设计了整套的《蔡家坡村导视系统》结构模板。

鲁迅美术学院的张付涛和林奇的创作使用数字虚拟影像技术，以村民形象为蓝本，结合舞蹈元素塑造了一系列虚拟动画形象。最终，作品《蔡家坡迪斯科》以村民集体舞蹈的影像形式，在村口广场呈现。西安美术学院的郭欣怡与孔湘捷创作的《将光芒洒向开阔大地》用"光"将民间传说中的各种图腾形象在夜空中描绘出来，身体的舞动与暗夜中的图像相互呼应、转瞬即逝，但这些神话故事却不断刷新着我们对世界的认知。

跳脱艺术乡建的双重内卷

当下，全国兴起了不少乡村艺术节、艺术乡建项目以及数量可观的乡村驻地活动，这里面包含着两种不同的面相：艺术与乡村自身。乡村的发展是否只有现代城镇化的唯一选择？乡村工作是一个长期深耕的过程，短期的艺术驻留，艺术家能否融入当地复杂的社会肌理当中，而不是自说自话式的表演？如何能改变"乡村运动"而"村民不动"的乡建难题？如何能形成多主体有效协作、相互激发、协同发展的合力？艺术家在乡村到底能做什么？在个体化的艺术生产之外，还能有什么其他可能？

　　套用今天比较流行的话语来说，这些问题的产生，源于艺术自身和乡村发展模式的双重内卷状态。从艺术的角度来看，一方面来自体制施加于个体的行为惯性，另一方面也来自对问题的"文本化"理解。这使得艺术家寓居于原有的个体经验和话语系统里，很难形成一种开放的、互为主体的、相互激发的动态关系。另一方面，乡村自身同样也存在着思维发展的困境，对于成功范例的模式化套用，都成为本地村镇的发展困境。

（一）乡村艺术工作的底层逻辑

　　组织者强调的是乡村艺术"工作"，而不是艺术"创作"，将艺术的表达维度从艺术既有的价值体系中抽取出来，"自我""创造力"等核心理念转变为一种对象化、关系化的实践性劳作。乡村现场进行的艺术工作脱离了美术馆体制，在本地情境、具体问题中展开实践活动，在与地方文化、本地社群的相互碰撞中推进，这实质上呈现出一种艺术的社会转向。曾经注重艺术家个体化表达的艺术生产，逐渐转换为多主体间的合作关系。这种关系转变也成为艺术介入乡村亟待解决的问题。

　　在艺术乡建的过程中，作为他者的艺术家必然以一种介入形态展开工作，但如何从介入到融入，最终形成一种共生状态，换而言之，从"文本性""景观化"的作品形态转变为"参与式""行动式"的实践路径，这需要持续积累的生长过程。

　　但也并非说短期的介入或参与就是无效的。事实上，我们不断强调的正是如何通过具有想象力的在地实践来构建在地认同，

图10 "关中忙罢艺术节"主场地　鄠邑区石井街道蔡家坡村风景

拓展在地认同的刻板印象。而持续的、深度的、多主体互动的在地生活、实践、对话就是基于问题的生长，既带有本地特色又带有实验性的新艺术形态。一方面，"乡村艺术工作营"作为一种新尝试，十所院校师生自身所携带的不同区域经验和专业能力，成为不断激发本地线索的催化剂，同时也为我们如何处理本地问题，寻找自身定位，提供了新的维度与可能。另一方面，由于地域差异，历史文化不同，加之各院校的专业特点，个人成长背景迥异、兴趣多样，使得本地性在各种观察和理解中变得丰富起来，也促使"工作营"学员寻找针对此情此景的应对方式。这种相互激发也成为艺术对于多元主体构建的有效手段（图10）。

（二）艺术乡建的多维视角

　　近几年来，中国的艺术乡建在多地呈现爆发局面，其路径和艺术逻辑基本可以概括为：以网红打卡地为导向的景观化装置作品；其乐融融的参与式艺术项目；带有服务性功能的乡村设计；日常生活空间和建筑改造；带有行动主义色彩的社区培力。

　　在当下，不同立场者之间的评判大都是从主体经验和学术立场出发的话语之争。相比下结论更重要的是进入、深入，在具体情境中去体会、感受。艺术之于个体而言，是启发、是惊讶、是感受力的重建；但当其作用于地方和社群时，面对复杂的伦理问题、参与主体间的不同诉求以及更多社会性职能时，该以什么方式进行？或许从来就没有标准化的答案，但预设的价值判断往往会走向一种文本化的地方叙述。当我们惊叹"越后妻有大地艺术祭"带动当地村落发展的同时，或许没有看到当地新闻对于该地区成百上千间废弃屋舍的报道，艺术乡建的功效常常被主观所放大。

　　在乡村艺术工作中，不尊重本地的问题情境，力求迅速产生成效，往往是反艺术的。但一味迎合乡村的需求又难以跳出乡村自身的轨迹，难以打破既有逻辑的限制。

　　艺术乡建的路径或许本没有良莠之分，而合适与否变得更为重要。就近年来我们在蔡家坡的实践，就充分考虑它的既有特点，背靠秦岭终南山，现有金龙峡、将军山两个著名景区，基于旅游业的发展似乎更为有效。但在具体调研中我们发现，当地还

图11 蔡家坡村口"关中忙罢艺术节"标识

有不少"城市养老人群"和数百亩的葡萄种植园，养老业和有机农业也变成一种可能。是着力开展对于民居的改造和生态艺术项目，还是针对老年社群的关怀表演和对于有机农业的感性科普？除此之外还能有什么可能？这些都成为我们基于本地情境开展实践工作的基础。

由此看来，在具体的乡村工作中，因地制宜，因势利导变得极为关键。除此之外，更重要的是持续性的在地深耕，这并不意味着迎合，而是通过带有想象力的工作方式，激发出乡村发展的多种维度。

艺术成为一种合力，建构可持续发展的多方能动

在筹划"第3届关中忙罢艺术节"的过程中，组织者们就认识到艺术的作用的有限性与可能性。艺术之于社会，更多地体现一种带动性作用，对于"关中忙罢艺术节"来说，其带动作用体现在八个方面：一、带动全域文旅，二、带动社区美育，三、带动服务经济，四、带动环境提升，五、带动城乡互动，六、带动农销增值，七、带动资源引入，八、带动基层动能。作为组织者来说，我们力求将这一片区域建成国家乡村振兴的重点县区。从今年的实效来说，已经实现，蔡家坡村已经成为第三批全国乡村旅游重点村，栗峪口村成为省级乡村旅游重点村，这些都体现着艺术的力量（图11）。

（一）引进优秀的人才资源，形成多主体的互构

艺术乡建的带动作用就是将艺术实践转换为多主体、多领域、多产业、多资源的互动，发挥农民在乡村振兴中的主体作用。人作为关键性的力量，经过艺术激发形成社会合力，形成多主体间能动关系，最终体现在参与者主体意识的重塑上。不仅限于艺术家之间的相互影响，艺术家与本地村民、基层组织、当地政府间所形成的能动关系是最为重要的部分。在多方合作下，通过不断实践、对话、交流才能产生某种相互间的影响。这种多主体的实践能动关系，既要自上而下、也要自下而上。与当地政府、机构、企业多方深度合作，对于本地群众的广泛动员，正是艺术独特的价值所在。尤其是当艺术处于几者之间时，既要发挥政府职

图12 "工作营"开展期间艺术讨论现场

能部门的推动作用，又要激发本地居民的主体能动性。艺术工作者在其间其实充当着催化剂的作用，通过具有想象力、创造力的实践方式，组成乡村建设的合力。

　　同时，自下而上的合作也极为重要，村民不仅是被发动起来的简单支持者，不是停留在"你们是来给我们帮忙"的层面，而是"我也能做些什么？""我能与你们一块做些什么？"事实上，艺术不仅具有发动群众的力量，更具有使个体重新发掘日常，重塑主体意识的可能，那一定是具体和细微的，是根据每个人的特质和独特生命体验所展开的。也唯有本地村民作为独立个体参与到文化实践和乡村公共事务当中，方形成艺术合作的另一层维度，才可能构成这种多主体间的实践能动关系。

基于某种共同的诉求，我们建立了与政府的深度合作。借助地方政府的大力推动，基层组织、本地干部村民及各类热心人士都被调动了起来。这其中的底层逻辑就是通过文化艺术来提高本地知名度，发展本地文化和旅游业。除了人力物力支持，除了艺术节的活动，探索艺术与基层合作的长效机制，也是我们努力的一个方向。即将开展的"艺术村长"项目就是这一方面的尝试。组委会邀请了四位相关领域的知名艺术工作者，在蔡家坡村、栗园坡村、下庄村、栗峪口村原本行政村长的编制外，设立艺术村长，同时设立专门的艺术建设基金，制定《西安市鄠邑区艺术村长的选聘及管理办法》，将艺术作为多种能动的合力所开展的机制尝试（图12）。

（二）引进优质的知识资源，精准发力

人才，尤其是优秀的青年人才，对于乡村来说是非常重要的。本次"乡村艺术工作营"聚集了各知名艺术院校的师生，驻村20余天，与本地乡村深度联系，与村民合作，与地方合作，与同道合作，成为村中的新力量。创作出一批具有在地性、创造性、时代性、艺术性，适应乡村乡土氛围的好作品。

各院校的名家为学员们开展的11场讲座（图13），其中8场为网络讲座。这些讲座能围绕乡村工作、在地实践、农村未来等维度，提供全新的视角与思路方法。这些有见地和活力的思想观念形成了有针对性的艺术态度。如邱志杰教授在讲座中分析当下各地艺术乡建的经验，梳理百年来乡村建设的科普工作，其

图13 "山·水·乡·人：2021乡村艺术工作营"系列
讲座——武小川《为什么去农村》讲座海报

"生活即教育""社会即学校"与艺术教育融入到乡村建设中的思
路是一致的。他提出"今天的乡村最需要的是同时具有科普和美
育功能的艺术"，尤其强调"业态"与"人才"是乡村建设的重中
之重。

（三）合作与共识，是可持续性的保障

在社会、乡村现场，艺术能量是在多方合作下，主体间相互

激发中形成的一种合力。在与当地政府、基层组织、本地村民的共同合力之下，乡村艺术工作才可能成为有价值的文化实践。今天，中国乡村还存在着大量老无所依、幼无所养的情况，许多时候并非经济问题，而是在一种功能化导向之下，个体价值的失效、生活意义的缺失。所以艺术乡村建设应是在多方参与中重建感受力的过程，使人重新对周边、对日常、对自己的生活开始产生兴趣。这也印证着乡村艺术工作需要的是多种角度的叙述，是人与本地、与现实生活带有想象力的关系生产。它可能是局部的、微观的。它首先构成的是每一个实践者理解自己的维度，其后延展到一个区域的自我构建进程。

（四）以生态社区为目标的乡村建设，更需要扎实的工作方法

　　全球生态村网络（Global Ecovillage Network，简称GEN），将生态村定义为：可以是理念社区或传统社区，采用参与式设计流程，以从生态、经济、社群、文化及全系统各个维度重建可持续的方案，创造具有再生能力的未来。其中，理念社区是由具有共同理念的人居住在一起而组成的社区，而传统社区即是那种基于传统、血缘和宗族关系的社区。

　　在建设过程中要顾及社区、文化、生态、经济四种维度的内在因素与外在影响，形成以生态为目标，以参与式设计为方法推进可持续发展的生态社区。这期间，具体的操作方式和工作方法，按照生态乡村发展项目（Ecovillage Development Program）的流程来说，他们共包括五个步骤的环节：

第一步：邀请与参与。邀请国内比较成熟的社区来更多地了解生态村运动，介绍生态村设计的过程，分享世界各地鼓舞人心的案例。说明生态村建设是一个过程，而不是结果，社区决定是否希望加入并开始有意识地设计他们自己通向可持续、可再生未来的路径。

第二步：规划与整合。在每个试点村子为所有利益相关方安排一场5天至7天的生态村发展培训，帮助他们确定自身的需求、资源及杠杆点，社区制定其生态村发展的第一阶段计划，这包括制订一项资金募集计划，以及跟地方和国家政府、NGO组织和社会企业建立合作以支持生态村发展方案的实施。

第三步：培训与实施。开展以需求为导向的培训，为项目实施做准备，所有利益相关方实施生态村发展方案的第一阶段。

第四步：测量与评估。通过测量及评估成果，了解哪些措施有效、哪些措施有待改善，分享灵感和成功案例、庆祝成绩、收集反馈。

第五步：改进与推广。改进计划，继续落实。当生态村已经开始良好运转，而且已步入正轨可再生发展，我们确定下一批参与的村落，再次启动这一流程。

多方能动是以可持续性发展理念为目标的总体性实践，是将我们的实践参与到人类和社区总体性建设之中，重建人与自然之和谐关系，改变现代主义中对自然的不断索取、不断破坏，改变人类中心主义的妄念，建立平衡的生态关系。

今年"第3届关中忙罢艺术节"的思路就是强化"忙罢艺术节"IP，让文化落地生根，建好美丽乡村，践行乡村振兴的关中探索。艺术在乡村振兴中所形成的合力，其目标就是坚持可持续发展理念，而可持续化的内核就是文化、价值观的可持续——作为一种生态农业的可持续发展，包含我们对人文的理解，对自然的敬畏，对未来的负责。

（武小川：西安美术学院学科建设办公室主任、实验艺术系主任、"关中忙罢艺术节"总策划，任一飞：硕士毕业于西安美术学院实验艺术专业）

贵州省——作为理解中国农村发展策略的"实验室"

曹　卿　卡尔·奥托·艾勒夫森

摘要：贵州省作为一个地理位置偏远、欠发达和多民族聚居的省份，在某种程度上它可以被视为中国农村发展策略的"实验室"。农村问题是中国政策制定和实施的核心之一，强有力的政府政策以不同方式参与并塑造着农村的未来。尽管现代化和农业的高效生产目标已经确定，但是农村战略似乎倾向于不断尝试和调整的做法，这表现在政府对大量村庄关于未来的处理方式上。本文旨在界定和讨论贵州省不同的农村发展策略。这些策略具有不同的基本意图，从通过提供基本需求和安全来维持农村，到需要创新政策来更新农村生产并最终使农村与城市相兼容。

关键词：农村挑战　农村发展　农村策略　乡村更新

引言

作为布依族的栖居地，板万村坐落在贵州群山环抱的山谷之间（图1），不熟悉地形的人们几乎无法顺利进入。从镇政府所在地出发，也需要在崎岖的盘山道路上行驶一小时才能到达。板万村作为一个传统的布依族村寨，其独特的乡村形态风貌、乡土

图1 贵州省板万布依族村寨

文化、吊脚楼建筑使得村寨成为一个当地重要的文化遗产。2016
年7月，秉承对社会与美学效益的双重追求，中央美术学院建筑
学院的专家团队在板万村开展了传统村落改造。村寨的风貌特
色被强化，居民的生活条件和社会服务得到提升，增加了的旅游
设施也将作为引擎，推动扶贫和整个地区的后续发展。这种由当
地政府资金资助的"设计介入"代表了贵州为消除贫困、改善生
活条件和普遍实现农村现代化而采取的策略之一。[1]

一、乡村的挑战

　　来自农村的年轻人到城市来建设新的环境，从而为工业化
提供大量、可靠的劳动力。在改革开放的过程中，大部分农村在

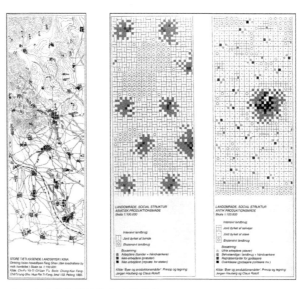

图2 东西方乡村聚落系统的差异

某种程度上被城市化政策所忽略,甚至在经济方面出现了恶化,导致农民的生活条件落后于城市。也许更加严重的是,这种情况也影响了粮食生产。中国人口占全世界的19%,然而耕地面积只占全球资源的9%,随着土地被用于城市化建设,这一比例每年都在减少。[2]因此,耕地在中国是稀缺资源,当国内农业生产力没有表现出需要的增长时,这种情况就变成了问题。这便引发了对土地所有权、产权以及农业生产工业化可能性的讨论。引用一位多年参与乡村建设的建筑师的话:"随着中国高速城市化发展的背景下,中国乡村的衰败成为近年的关注点,也是政府所特别关注的国家发展与繁荣的一个重要组成方面。"[3]

在中国约有5.5亿人生活在农村,其中大多数人生活在河流沿岸以及江河之间平坦的、可以进行耕种的平原上。农村贫困人口主要集中在中西部地区的沙漠、丘陵、山区和高原地带。由于缺乏普遍接受的定义，中国的村庄数量存在争议。通过互联网的搜索显示，预估数字在100万到300万之间；有些学者认为世界三分之一的村庄在中国。[4] 这些数字包括并入大都市发展的城中村、被遗弃的村庄，以及行政村、自然村和民族村等类别。

　　欧洲人往往被中国聚落结构的密度所震撼。从空中看，中国东部就像是一块块逐渐融入城市结构的"村庄地毯"。然而，中国西南的群山叠嶂却将乡村与城市隔离开来。这种空间模式是气候、农业资源和水资源的共同作用，但中国特有的村庄栖息地及其小而密集的耕地也是历史的产物。参照东亚和欧洲农村的生产体系的图表，两者的差异是显著的（图2）。（左图）是北京房山主城周围的传统聚落结构图（1885），它显示了一个传统东亚的农业栖息地。右边的两张图显示了亚洲社会结构和生产方式与欧洲古代奴隶社会的主要区别：（右图）地中海文化是一个奴隶社会，庄园经营着大型物业，其所有者通常居住在古希腊城市的"城邦"。（中图）中国的农业生产是建立在农业家庭的基础之上，它是由家庭单位组成的，而这些家庭单位通常由乡村宗族联系在一起。这种中国农村和村庄的基本形态却在历史中保存下来。欧洲大部分地区的农村地区以大型农场为主，工业化农业通常是合作经营的，中国的农业仍旧以集约种植的家庭土地为基础。土地改革和农业产业化这一问题亟待解决。从贫穷到超级富裕，从孤立到完全融入全球文化和经济，中国约有300万个村庄呈现出巨大的多样性和复杂性。从天堂般的肥沃土地到几乎没有生产力的，贫瘠、干旱的土地形成了这些村庄的不同环境。

在这种复杂的形势下，农村政策和政府涉及农村的战略是多方面的。

二、贵州

　　贵州在历史上处在东南亚诸国和北方汉族政权之间，从文化地理的概念上属于佐米亚地区。[5] 这片领域不属于中国历史上主要河流运输系统的一部分，使它在政治和经济上成为一个腹地，它的发展相对独立于汉人政权，奥克斯（Oakes）认为该地区在历史上是"贫瘠和无利可图"的。[6] 贵州作为一个山地省份，山地丘陵覆盖了其92.5%的面积。贫瘠和脆弱的喀斯特地貌限制了耕地的容量。因此，贵州省在历史上被形容为"天无三日晴，地无三里平，人无三分银"的地区。

　　贵州省远离东部平原、主要河流和交通走廊等快速发展和繁荣的地区。自1949年以来，以自然资源为基础的工业化一直相当薄弱，有限的工业仅限于伐木和水电站等初级产业。2010年，贵州省的少数民族人口有1250万，占全省总人口的36.11%。少数民族多居住在乡村地区，2017年底，贵州省的城市化率为46.02%，在全国排名倒数第二名。然而，2017年的贵州省的城市化增速却比十年前高出20个百分点。

　　尽管这一显著的城市增长率因城市人口（包括城市管辖范围内农村地区的居民）的重新定义而存在争议，但这些数字反映了该地区近十年来由于农村复兴政策和城市化而发生的巨大变化。为了应对问题与挑战，国家和地方政府主导了一系列自上而下的规划和自下而上的振兴举措。作为实施不同农村政策的试点省份之一，贵州省致力于区域的发展、生态环境的改善和扶贫。早在2001年，政府就已经决定在贵州、云南、内蒙古和宁夏开展移民扶贫试点。2008年，贵州省率先启动了危房改造工程。2013年，政府在包括贵州在内的省份开展美丽乡村建设的试点项目。2017年，在包括贵州的七个省份开展了全域旅游。因此可以说，贵州省一直是执行政策的主要战场，这些政策正在改变农村地区的社会空间关系、当地经济、生产以及居民的生活水平。

三、发展策略的定义

关于农村政策的辩论是至关重要的。农村的生产方式和聚落结构正在发生转变，这一转变涉及土地所有权、农业工业化程度以及传统乡村结构的维持程度等核心问题。贺雪峰和李昌平两位学者在2016年于复旦大学举行的学术会议上立场鲜明地展开讨论：两个立场分别是"保底"与"进取"。[7]贺雪峰认为农村的特点是"半工半农"，即农业生产和家庭成员在城市工作相结合。农村为城市失败者提供了安全保障体系，是现代化的"稳定器"和"蓄水池"。在他看来，尤其是在资源不足的农村地区，应该把更多的精力放在"保底"的策略上。这些将农村地区的作用局限于传统农业生产和旅游业的想法受到严厉的批评。[8]作为一位从事研究和乡村建设活动几十年的实践者，李昌平指出，农村建设需要创新、企业活动以及通过建立示范村来调整生产结构。农村社区应重组为促进土地集体所有制和新型"内置金融"

的社会建设。贺雪峰则认为李昌平的乡村实践在宏观上是有问题的，以创新旅游业为基础的示范村的发展可能会成功，但从市场的角度来看，示范村的模式不能简单复制。每一个以乡村旅游和文化生产为基础的村庄都不可能转变成同一种市场导向的产业，因为村庄的数量与之间的差异实在是太多、太大了。

针对贵州的调查结果表明，大多数正在使用的策略，例如危房改造和扶贫项目可以被视为"保底"的策略。然而，与学术讨论相比，这些策略涉及的范围可能更广：一、其中一个维度表达了作为自然资源所在地的农村与作为栖息地的农村之间的差异。二、以改善居民的经济条件、住房质量和获得更多社会服务为目的，出现了维持现有聚落结构的策略与将村庄迁入城镇的主导趋势之间的差异。三、定义区别于民营企业为主导而以政府为主导的项目，从而能够区分自上而下和自下而上的战略，并能够在大规模战略和小规模经济干预之间划清界限。

由于景观地貌特点，贵州并不是农业产业化优先发展的地区。除了基础设施项目和自然资源开发以外，农村政策主要涉及为农村人口寻找就业机会和改善农村人口的生活条件。总体来说可以归纳为：国家发展服务的新技术和基础设施策略、打破传统村庄结构并将人口重新安置到城镇或新建村庄的易地搬迁策略，以及保护传统村落结构的乡村振兴战略。

四、国家农村战略

与能源、基础设施建设和农业现代化有关的项目大多是由

图3 板万村卜公山南向山坡上覆盖着大量光伏太阳板矩阵

上而下、规模宏大并由政府主导，但是在某种程度上它们独立于现有的生活环境。新技术和对新能源的探索引发了对大多数位于乡村的自然资源的更广泛利用。在贵州旅行，人们可以看到覆盖着太阳能电池板的巨大山坡，如图3所示的位于贵州册亨县板万村的山地。国家基础建设项目可能是近十年来对农村地区最具影响力的政策，其中包括公路、高速铁路、电力和天然气管网以及数字网络建设。这些公路和铁路水平地穿过景观地形，它们遵循的是基础设施的逻辑，而不是当地的景观逻辑（图4）。

几个世纪以来，"茶马古道"穿过贵州山区，连接中国与东南亚和印度。这条环绕山峰的"小径"连接着各个地区，但并没有改变该地区的相对孤立。20年前，政府提出了"西部大开发战

图4　南昆铁路兴义段的高架桥

略"用于加快中西部地区的发展。毫无疑问，这对贵州基础设施数量和质量产生了很大的影响。

中国农村政策的主要挑战来自未来工业化的程度，尤其是耕地的所有权问题。中国的农业很大程度上仍然是由家庭经营的小型农业单位组成：农民以家庭为单位，向集体经济组织（主要是村、组）承包土地等生产资料和生产任务。农户在承包期内可依法、自愿、有偿流转土地承包经营权。学者认为，加强农村土地集约化管理是农业机械化生产、提高生产力和质量水平的前提。农业改革与"土地权"问题密切相关。这个问题看似简单，但深入研究起来却很复杂——就像皮特·何（Peter Ho）在2015年《中国土地所有权》书中所阐述的一样。这与户口制度和基本的村庄和家庭权利有关，很难解决。[9]增加农业产品的产量，而不是从根本上改变土地的所有权是所有农村政策的目标。

五、改善贵州农村人居环境——易地搬迁

扶贫一直是政府投资的总体目标，这一战略往往就包含易地搬迁政策。通常，易地搬迁是在一个行政区域内自上而下的移民规划。除了改善生活条件和福利的考虑之外，在许多情况下，易地搬迁的背后还有基于生产和生态的考虑。地方政府启动了一系列移民安置方案，它们打破原有村庄结构，重新安置了人口，把农田改造成森林和草地，既有利于农业生产，又有利于生态保护。

贵州人口从1953年的1500万增长到2010年的3474万。人口增长与现代化生产方式不可避免地导致了对脆弱生态环境的过度利用：滥伐森林，水土流失，使得喀斯特地貌的荒漠化成为可能。特别对位于武陵山区、乌蒙山区、滇黔桂地区的少数民族贫困地区的地方政府提出了很大挑战。如前所述，为了使人们摆脱贫困和防止环境退化，贵州已于2001年被选为四个实施移民搬迁的试点省份之一。2012年至2020年间，贵州省政府增加了200万人的安置计划。从政府的角度来看，扶贫移民和生态移民都是实现一系列发展和环境目标的高效项目。然而，这些项目是否能完全获得移民的内在认同有待检验。如今，易地搬迁已被重组为公共和私人伙伴关系的策略。扶贫项目不再仅仅被视为政府的责任，而是由各级政府、国有企业、私营企业和社会组

图5 乌蒙山区移民搬迁行动

织密切合作的。2015年启动的"万企帮万村"活动中，民营企业开始定点帮扶贫困村。[10] 一些企业率先与贫困县结对展开扶贫行动。 2015年12月，乌蒙山区的大方县启动了移民搬迁行动。恒大决定投资30亿元人民币，使当地18万人口脱贫，这意味着16.4%的当地人口易地搬迁。如图5所示，在这一系列易地搬迁项目中，旧村被拆除，人们被安置在新建的城镇中。恒大投资温室、灌溉系统和畜牧业相关资源。不明确的是，村民是应该被视为村民，还是农场工人。

易地搬迁战略可以视为农村逐步城市化的一部分。20世纪90年代中期，政府首次提出发展中小城市，形成了新城的发展

图6 册亨县高洛新区房屋分配现场

模式。这项政策解决的是城市人口扩张的问题，但也试图成为分散经济和工业发展的模式。党的十八大提出了农村的现代化，并引入了分散式的新城市化模式。[11]城镇发展和村庄搬迁是这种城市化和现代化的一部分。在城市结构和建筑方面，新城反映了中国大规模城市发展和特大城市类型的一般模式。图6是册亨县的高洛新区，新区由近三百个沿着笔直道路的多层公寓组成，公寓将居住区分为几个住宅群。根据册亨县政府的规划，将有九个镇的约3.2万人搬迁到高洛新区。新的定居点的空间格局与传统聚落无关。这些新式民居从少数民族乡土建筑中提取了一些传统元素并用在建筑装饰之上，但是大多数住宅楼都遵循着城市发展项目中的"简单复制"的逻辑。

　　贵州易地搬迁的项目中包括来自有着不同价值体系、信仰和生活方式的居民。这对于今后的管理将会是巨大的挑战。为了维持原有社会关系网络，地方政府实施的"整村安置计划"意味着将一个村作为一个安置单位。在这一过程中，原本根植于地域和场所的生计模式、地方知识和经验却无法直接转移。实际上，重新安置的居民获得了福利和现代生活设施，但在大多数情况下，他们失去了原来地方和历史的联系。通常情况下，被安置居民不会在新的居住地分配到耕地。安置点中工作机会通常优先考虑能适应激烈市场竞争的受过良好教育的人。一些报道显示，由于缺少工作机会和在新安置点中的高生活成本，不少定居者已经返回到他们原来的聚落。[12] 为了完成意图和计划，地方政府会积极地报道有多少户居民搬迁到新安置点。但是，关于评估和长期影响的公共信息却很少。

六、改善现有村庄和空间格局的策略

　　对中国农村未来的讨论总是包含着挑战。尽管村里的人口随着年轻人和有较高劳动能力的人迁徙到城市而被"稀释"，但大多数移民仍旧通过户口与村子联系在一起，他们的土地权仍旧留在村里面。从历史上看并与其他大陆相比，中国的乡村栖息地的数量、位置、空间格局和形态方面表现得相对稳定。然而，

图7　贵州雨补鲁村的"花海"景观

在这几十年里，这些乡村受到现代化政策和其他转型力量影响较大。在学术界，有人提出这样一个问题：作为物理结构、社会和法律系统以及生产单位，有多少村庄能够生存下来？专家预言说，将会有多达70%的村庄被重新安置，现有的建筑将被拆除或不进行维护。[13]

（一）国内旅游

贵州省成为中国最有前途的旅游目的地之一，生态和民族文化旅游是发展和开拓新兴产业和工作场所的主战场。从历史上讲,"大众旅游"在中国是一种新现象,它与有规定假期、业余时间、有足够的财力的中产阶级联系在一起。高效的基础设施使旅行变得容易,使得居住在人口稠密地区的人们更加方便地抵达许多有吸引力、风景如画和历史悠久的景观、遗址和村庄。对国内旅游业的投资一直是实现农村发展最便捷的途径,这既是贯彻中央和省级政策的自上而下的战略,也是地方自下而上进程的结果,其中即包括对整个村寨的大规模项目也包括小规模的家庭投资。近年来建造的建筑包括许多乡村旅游的项目,乡村旅游的典型景点主要是如图7所示的历史村落、风景名胜区、非物质文化遗产所在地(通常与少数民族有关)以及各种农业主题公园,例如茶场、渔场、酒厂和高科技农业或者有机农场。

从2010年左右开始,政府首先制定了全面的乡村旅游政策。而贵州的民族旅游萌芽可以追溯到20世纪80年代,但在当时还不能作为发展地方和区域经济的重要举措。贵州于1991年首次提出"旅游扶贫"的概念,目的是通过发展民族旅游,提高当地人民的生活质量,从而消除农村贫困。在一个拥有能够吸引游客的村落和风景区,旅游业可以成为实现现代化的一种非常有效的手段。参考奥克斯20年前出版的《中国旅游业和现代化》一书,"旅游业的作用是国家的现代化和边缘地区的发展,它尤为重要,因为国家'开放'一个地区进行旅游业的成本要比其他现代化计划的成本低得多"。[14]

(二)住房策略
为保护村庄而实施的最常见的方案和投资是对其基础设施

图8 传统聚落中的新式民居

的更新与提升。由于地域气候的差异和文化的复杂性，贵州民居
呈现出类型的多样化。少数民族聚落的传统民居材料多以木、黏
土和陶片为主，并易受各种环境的影响。如何组织一个村庄的
空间结构、建筑类型和公共空间是由历史传统和掌握重建、修
复乡土建筑技能的工匠所决定。"原始庇护所将形式的持久性
与物质的短暂性结合起来。建造和修复几乎是一项经常性的活
动。"[15] 由于结构和自然材料的特点以及气候和地理因素的影
响，居民不得不进行日常的维护。乡土建筑意味着修复、重建，
有时甚至是改变。2008年，一场雨雪灾害造成了贵州农村房屋

的大规模损毁，并引发了政府更新住房的计划，贵州率先启动了农村危房改造的试点。该政策的任务是让农村地区的低收入群众拥有一个体面的家。

然而，这项政策却对传统村庄的物质文化遗存构成了威胁，并形成了新的民居类型。首先，无论是在当地村民还是干部中，人们普遍认为传统乡土住宅的形态是落后的、不实用的、不适合现代社会的。政策执行者和受益者都积极推动新的民居建设而不是翻新旧民居。其次，经济补贴制度鼓励人们重建住房，尽管这不是他们的首要计划。年轻人临时迁徙到城市，他们在乡村的建筑缺乏日常的维修，这加速了房屋的衰败。另一个因素是，寄回家乡的钱往往投资于新房的建造，这通常会对村落形态留下明显的痕迹（图8）。然而，有时建筑建造成本超出了他们家庭的经济承受能力，反过来又加剧了家庭的贫困。许多凝聚着少数民族文化、具有较高人文价值的聚落和房屋遭到破坏，往往被文化价值不高和技术标准较低的新民居所取代。

（三）传统村落的综合策略

20世纪80年代以来，随着民族认同工程的实施，贵州少数民族文化保护政策留下了深刻的烙印。2012年，住房和城乡建设部、文化和旅游部和财政部公布了中国传统村落名录，到2019年底，共有6819个村庄入选这一名录。纵观不同省份，有成千上万的村庄被标上了有形和无形遗产的价值，被纳入保护计划中。"传统村落"这一类在我国农村政策中已变得非常重要。

在这一过程开始时，政府选择示范村以建立遗产保护模式

图9 2018年11月苗年新年的庆祝活动

并同时促进旅游业。其中一些城镇和村庄具有世界遗产名录的
特点，在商业上取得巨大的成功。位于贵州黔东南州雷公山山坡
上的西江千户苗寨可能是接受游客最多的少数民族旅游村。高
速列车和优越的高速公路为游客提供了便利，游客会参加热烈
的欢迎仪式，在设计好的游览路线内参与策划好的活动，例如在
观景台自拍与合照，在村子里新建的广场观看歌舞表演和手工
艺演示。就像在世界的许多其他地方一样，贵州的民族文化经历
了再生产的过程，地方和文化元素都被商品化了，成为吸引国内

外游客的一项文化表演（图9）。

（四）设计介入对村庄的保护

　　本文所谈的"设计策略"可以被看作更温和的保护方法，旨在缩小商业旅游的影响，加强文化保护的多样性，并在现有的村庄生产系统的基础上进行建设。在过去的几十年里，许多建筑设计项目被引进来加强乡村的经济、社会和文化。这一趋势也符合中国政府的政策。2013年，中央一号文件强调了"美丽乡村建设"的任务。应该注意，如果"美丽"等同于视觉美，并给予充分的审美体验和良好的功能，那么"美丽"的内核概念比上面的意义更加广泛。政府的政策赋予在贵州乡村进行设计介入和空间实践的合法性。设计介入有不同的模式：有自上而下的政府项目、来自村里的独立倡议以及来自设计师和其他参与者的倡议。这些项目还涉及更广泛的目的：扶贫、公益、旅游开发、小型艺术试验和建筑项目。在贵州省开展设计介入时，某些基本方面必须加以考虑。首先，贫困、移民造成的村庄空心化和乡镇与村一级的资金收入匮乏，使得大型项目融资困难。其次，当地遗产价值和承载当地知识和身份认同的口述历史逐渐失传，导致地方文化自觉性下降。以少数民族聚落的乡土建筑为例。汉族社会有流传有序的书籍和书面标准来记录和叙述建筑的形制和技术守则，这些重要的物质载体将技术和建筑规则传授给下一代。而少数民族的建筑技艺主要通过学徒模式来传承。在这种情况下，设计介入不仅是为了扶贫和物质福利，而且是为了保护和更新文化遗产。最后，贵州偏远山区的地理区位增加了施工的难度，不

图10 册亨县丫他镇纳相村   图11 贵州省雨补鲁村

仅使得设计介入的成本高昂，并且生产和施工效率也远小于平原地区。

我们在贵州调研的村寨中，几乎所有的设计介入都是自上而下的，但是过程中由于专业性的不足，忽视了乡村聚落的异质性特征。图10是册亨县的纳相村改造后的鸟瞰图：整个村子都被改造了，民居都用相同的、几乎是复制的手法进行处理。新建民居模糊了传统聚落结构。房屋的质量提高了，但传统乡村文化似乎被忽视和淡忘了。

设计干预模式是对早期有争议结果的实践的反思。地方政府已经意识到，对传统村落的设计干预需要聚落社区与专家的共同参与。雨补鲁村的改造是新的发展模式案例。雨补鲁村是兴义市

图 12 :"天坑地漏":雨补鲁村改造中的大地景观

以北 30 公里的一个汉族村寨。和该地区的其他村庄一样,雨补鲁村中传统住宅逐渐衰败,取而代之的是标准的住宅,公共卫生设施缺失,公共空间没有得到很好的维护。显著的地方特色,对旅游的追求和作为城镇就业市场的一部分促使雨补鲁村尝试了新的策略。新的角色参与其中:来自中央美术学院的团队对村落的历史、布局和建筑形态进行了详细的调查,测绘了每一栋房屋并调研了村寨的遗产价值。调查的结果作为与当地村民进行讨论和设计介入的重要参考(图 11)。由师生组成的设计团队与当地工匠和村民一起营建了这个项目,并增加了一系列受当地历史和生态环境启发的艺术项目,以提高游客的好奇心(图 12)。

七、未揭露的策略

目前，中国农村实施了一系列的农村策略，其中大部分在贵州贫困地区表现得非常明显。政府投入了大量资金，城市化与现代的手段不断涌现。农村人口的未来与村庄的未来密切相连，也与聚落结构和农村人居环境应演变的总体政策密切相关。

本文试图揭示中国农村战略的复杂性。回到贺雪峰和李昌平两位学者的讨论中，一方面，贺指出了通过提供基本需求和保障来维持农村的政策，另一方面，李强调的是要走出一条中国特色的城乡协调发展的道路。在这个背景下，从雨补鲁村相当务实的实践中可以汲取经验，即这些策略既能维持基本的需求又能提出创新，既能改善生活环境又能服务于旅游业。村落被保留的同时还能被"美化"。农业生产保留下来，旅游业被添加到经济基础中，既为村民"返乡"打开了大门，也为那些在更广阔的劳动市场上繁衍生息的人们打开了大门。这些期望的效果是相当务实的，是通过缓慢的参与过程来实现的：扶贫、当地生活和生产的现代化，美丽乡村建设甚至是当地乡村文化的复兴和重建。

（曹卿：挪威奥斯陆建筑与设计学院博士研究生，卡尔·奥托·艾勒夫森：挪威奥斯陆建筑与设计学院教授）

注释：
[1] 曹卿、陈益阳：《解读和协商——雨补鲁和板万村的乡土空间重现》，《西部人居环境学刊》2019年第3期。

[2] 数据来源于前瞻数据库制作的 1961—2018 年中国人均耕地面积：2018 年中国的人均耕地面积为 0.09 公顷，而世界平均水平为 0.19 公顷，http://d.qianzhan.com/xdata/buystep1.

[3] [挪威] 卡尔·奥托·艾勒夫森：《乡建路上，有我们——关于当下乡建的思考》，马俊译，中央美术学院（内部读物），2018，第 5 页。

[4] 根据 http://factsanddetails.com/china/cat11/sub72/item1088.html 显示全球大约有 100 万个平均居民数有 900 个人的村庄，而这些只占全球村庄的三分之一。作为筹备古根海姆《乡村，未来》展览的一部分，AMO/OMA 在 2018 年春季对中国乡村进行了一系列数据调查得出中国大约有 300 万个乡村的判断（引自 2018 年 6 月 stephen Peterman 在中央美术学院的讲座）。

[5]James C Scott. ,*The Art of Not Being Governed: An Anarchist History of Upland Southeast Asia*（ Yale University Press, 2011 ）.

[6] Oakes, T. ,*Tourism and Modernity in China* (Routledge, 1998),p.83.

[7] 熊万胜、刘炳辉：《乡村振兴视野下的"李昌平—贺雪峰争论"》，《探索与争鸣》2017 年第 12 期，第 77—81 页。

[8] 李文钢、张引：《当乡村振兴遭遇发展主义——后发展时代的人类学审思》，《西北民族大学学报》（哲学社会科学版）2018 年第 6 期，第 82—89 页。

[9]Peter Ho., *Institutions in Transition: Land Ownership, Property Rights, and Social Conflict in China* (OUP Oxford, 2005).

[10] 在这场活动中，私营企业正式参与帮助贫困村庄。大型合作社从一开始就带头与贫困县结成对子，开展扶贫行动。

[11] 这项政策与大力发展消费市场和私人及公共服务的意图有关。为了能够以可操作的方式处理城市增长（假设城市化速度不会放缓）。大会指出，在未来 10—20 年，中国城市人口增长的至少一半应该发生在中小城市。

[12] Lo K , Wang M., *How Voluntary is Poverty Alleviation Resettlement in China?* (Habitat International, 2018,73),pp.34-42.

[13] 李昌平：《中国乡村复兴的背景、意义与方法——来自行动者的思考和实践》，《探索与争鸣》2017 年第 12 期，第 8 页。

[14] Oakes, T., *Tourism and Modernity in China* (Routledge, 1998),p.132.

[15]　Tuan, Y-F. ,*Space and Place: The Perspective of Experience* (Univ of Minnesota Press, 2011) ,p.104.

什么是参与式艺术美术馆？
——来自中国"羊磴艺术合作社"的答案

任 海

摘要：自20世纪90年代以来，社会参与式艺术已经成为全球趋势。参与式艺术的实践在创造新的艺术形式和让艺术界变得更开放的过程中，与明显发生变化的博物馆的实践有不可分的联系。本文提出的"社会参与式艺术美术馆"（或"参与式艺术美术馆"）概念指的是艺术把日常生活转变为游戏驱动的审美实践。这个概念可以让我们探讨哲学家朗西埃所说的"审美的艺术体制"[1]下的参与式艺术和美术馆的关系。英文学术界的讨论重点都在欧美的艺术实践，本文则关注在中国西南的羊磴艺术合作社的艺术实践。本文认为，社会参与式艺术美术馆与传统的美术馆完全不同，既是在某个特定环境中产生的关于感知的再分配的审美经验的社会雕塑，也是当代全球化的风险社会中个体化的自我技术。对参与式艺术美术馆的讨论不仅可以反思研究社会参与式艺术中"后自律"和"反审美"的观点，而且也促使当代艺术研究进一步地考虑日常生活的社会性。

关键词：参与式艺术　美术馆　社会雕塑　艺术体验　审美体制　朗西埃

一、前言

2012年初，一群来自重庆市的艺术家在位于贵州省桐梓县的羊磴镇成立了"羊磴艺术合作社"。从此，这个艺术团体在羊磴镇及其附近的村庄展开了一系列艺术实践和实验活动。艺术家们与居民和村民在赶场时进行互动的艺术活动，在居民房屋外绘彩色壁画，在羊磴镇的主街上推出参与式美术馆，在美术馆和访谈室中进行艺术作品展览和交流。艺术家们还在镇上学校的校园里，山梁上的田地里，和羊磴河上废弃的水坝上建置雕塑作品。总体而言，这些项目把艺术家的劳动力、知识和技能转化成艺术生产力，在羊磴的日常生活中创造审美的"游戏"。

在羊磴艺术合作社的实践中，"游戏"指的既不是经济发展或者道德改良的有形产品，也不是能够被轻易地转换成知识产权的无形资产。它指的是当地居民在日常生活实践中的艺术体验，是指让居民和艺术家在艺术经验中紧密相连的审美技术。探讨这些艺术项目所表现的游戏驱动就意味着探讨羊磴在审美经验方面的潜在变化，游戏命名是用各种艺术作品和项目搭建起来的艺术劳动力和主体性与羊磴的日常生活之间的共时（或当代）空间。

十多年来，中国的艺术家与世界其他国家和地区的艺术家一样走出工作室，学院和展览馆直接面对社会、经济、政治和环境等问题。本文把这些涉及社会和社会以外的艺术实践和项目统称为"参与式艺术"。除了羊磴艺术合作社之外，在中国的参与式艺术项目众多。如，欧宁、左靖在安徽的"碧山计划"（2

011—2016），渠岩在山西的"许村艺术公社"（2010至今），曹
明浩、陈建军在成都的"水系计划"（2012至今），[2]李牧在江苏
的"仇庄计划"（2013—2021），以及靳勒在甘肃的"石节子美术
馆"（2008至今）等。这些艺术实践大多以"项目"或"计划"为
名，与美术馆有着较为复杂的关系。"碧山计划"与包含美术馆
机构的NGO的支持有密切的关系；"许村艺术公社"把自己的活
动定位于国际艺术界的一部分；"水系计划"曾受成都的A4美
术馆和巴黎的蓬皮杜中心的资助；"羊磴艺术合作社"与四川美
术学院的支持分不开；"仇庄计划"是荷兰的凡阿贝美术馆（Van
Abbemuseum）直接资助的项目；[3]"石节子美术馆"与中央美术
学院和西北地区的艺术院校有密切的联系。总之，这些参与式艺
术项目与当代艺术界（特别是美术馆）有着复杂的关系。

自20世纪80年代以来，中国的当代艺术的发展逐渐融
入创意经济发展的体制中，为创意经济中科技创新和创造
力发展做出贡献。[4]在这样的历史脉络中，参与式艺术从整
体上看与一般意义上的以画廊为主的当代艺术模式有所不
同，形成了一种较为独特的艺术模式。由于参与式艺术项目
在社区的层面上进行，学术界常常会强调他们通过"社会参
与""社会介入"进行"对话"和搭建"关系"等方法所带来的
效应。例如，"共生"是一个经常被提及的概念。在这些看法
的基础上，本文所强调的是参与式艺术对审美方式的创新。
在受到欧洲现代性影响的经典美学中，美术的模式决定了艺
术的审美的内容和方式，但是参与式艺术的实践实际上把美
术的审美模式改变为艺术的审美模式。哲学家雅克·朗西埃

把我们同时使用感性和智性对事物进行感知的方式看成是
艺术的审美模式，并将其命名为"感知审美"（aisthesis）。[5]
参与式艺术的审美正是感知审美。在此意义上，参与式艺术实践
对当代艺术与美术馆之间的关系可以进行调整和改变。如果传
统意义上的美术馆把日常生活进行整合而融入艺术机构的功能
之中，那么参与式艺术的美术馆则不会把日常生活转变为美术
馆的功能，相反，却把艺术融入日常生活中，使艺术成为一种增
强生活表演性（或游戏性）的审美力量，对感知进行再分配。本
文用"羊磴艺术合作社"来阐释什么是社会参与式美术馆。

二、中国当代艺术中的社会参与式艺术：历史回顾

自20世纪80年代末以来，当代艺术与美术馆体系的关系已
发生了明显的改变。一方面，诸如特里·斯密斯、[6]巫鸿[7]。和
唐小兵[8]等学者所指出的，当代艺术在世界范围内已经被纳入
全球的艺术市场之内。中国的当代艺术也不例外，与国际艺术市
场同时发展，并在2000年之后成为中国的创意经济的一部分。
另一方面，中国的当代艺术也同时产生了一种新型的参与式的
艺术。与20世纪五六十年代的"社会主义现实主义"艺术[9]不同，
当代的参与式艺术不仅让美术的再现模式变得开放，而且也对
艺术的审美模式的发展做出贡献。[10]通过对中国当代艺术历史
的梳理可以让我们理解这些变化及其重要性。

尽管1989年在北京的中国美术馆举行的"中国现代艺术展"
是全球当代艺术史上的重要事件，但是这次展览并没有使用"当

代艺术"这个词。1992年后，中国艺术家和批评家开始使用"当代艺术"这一术语。 中国的当代艺术的机构化可以用艺术界的市场化来形容，正如巫鸿所指出，其特点包括：市场逻辑扩张到艺术创作中，艺术生产中出现新的劳动组织形式，中国的艺术市场出现跨国发展的趋势。[11] 自2000年以来，在中国经济从"中国制造"转变为"中国创造"和"中国智造"模式的过程中，当代艺术已经成为中国城市中创意经济的重要部分。政府也在积极地将基于市场的中国跨国艺术转换为全球艺术 。例如，2000年的第三届上海双年展由上海美术馆（公益性社会文化事业机构）主办，主要目的是把此次展览办成"一项具有国际规模的固定的活动，并从学术的角度探讨全球化、后殖民主义以及区域主义等问题"。[12] 第三届上海双年展后，中国当代艺术也开始使用一种全球艺术界的话语。一些大城市也出现了大规模的双年展和三年展，促使了当代艺术与中国城市发展中的创意城市模式关系的正规化。也就是说，艺术的体验已经成为城市的体验的组成部分。以成都为例，2011年的艺术双年展"物色·绵延"由成都市政府筹办，旨在将成都打造成基于创意经济之上的"世界花园城市"。[13]

大城市里当代艺术展数量的上升不仅让现有的博物馆收藏当代艺术，而且也促进了新的美术馆的创建发展。上海美术馆、广东美术馆、何香凝美术馆等开启了美术馆机构重视当代艺术的潮流。同时，私人和企业也开始在大城市出资建立新的美术馆和展览空间，如北京今日美术馆、上海喜玛拉雅美术馆、南京四方美术馆、成都蓝顶美术馆和A4美术馆等。

通过建立美术馆和举办双年展使当代艺术的发展系统化，

　　这也是在主要城市中连接全球艺术市场和创建城市艺术空间浪潮的一部分。中国当代艺术市场已成为全球艺术市场中发展最快的部分。[14]至2008年，几乎美国纽约的每一家主要画廊都与中国艺术家签约，代理他们的作品。在中国，与房地产发展相并行的是艺术品价格的飞快升值。艺术市场的快速发展体现于主要城市中商业画廊的激增。同时，一种新型的城市艺术空间也开始出现。不同于先前位于贫穷、半农村区域的"画家村"，这种新型艺术空间在地理和文化上都趋向于靠近城市中心，并将艺术融入休闲消费与娱乐空间中。比如，北京的798，一个包豪斯风格的工厂建筑群被改造为重要的艺术区。[15]

　　中国当代艺术的历史发展显示了其与中国和全球社会、政治、经济的密切关联。这些变化彰显出市场逻辑已渗透到艺术创造、艺术职业和艺术机构等领域。中国经济从"中国制造"到"中国创造"的转型也进一步促使当代艺术融入到创意经济中，提升了创造性与创新的规范和标准。20世纪80年代至90年代，当代艺术与传统艺术之间的界限还相对明晰。自从进入21世纪的创意经济后，当代艺术与经济、政府之间的关系变得日益模糊了。中国当代艺术已经成为以城市为主的创意经济的一种机制。这种当代艺术的趋势在英国、荷兰、德国、澳大利亚和美国等许多其他国家也同时存在。[16]

　　当当代艺术已经成为创意经济的一种机制时，学者们多认为当代艺术是全球化的艺术市场的概念。本文认为，除了艺术市场之外还需要考虑当代艺术的多元性。20世纪90年代以来，当代艺术重要的发展之一就是参与式艺术。这种新型的当代艺术其实是基于对围绕市场发展的艺术界的批评发展起来的,而且批评本身也是当代艺术最初可能发展的重要因素。卢杰、邱志杰的"长征项目"就是个好例子。这个2002年实施的项目的参与者沿着20世纪30年代红军长征的路线行走,以展览和行为艺术等方式开展艺术活动。邱志杰的专长是实验艺术,而卢杰则擅长展览策划,由于对传统的美术馆体系的了解和认识才决定以独立策展人的方式开展当代艺术活动。虽然这个项目涉及社会的参与,但它所强调的还是通过与美术馆体系的协商来展开实验性的策展实践。

参与式艺术代表了艺术与社会关系的明显的变化。如果艺术体制(regime of art)指的是表明某个物品、行为或者实践可以被理解为艺术的关系网络,[17]那么我们可以根据哲学家朗西埃的审美理论从历史的角度把"艺术体制"划分为三种:形象的伦理体制、艺术的再现体制以及艺术的审美体制。[18]从福柯的理论来看,"体制"一词指的是艺术可定义、可实践和可思考的方式,与社会对个体和集体的管理有关。首先,在希腊的柏拉图时代,诗作和剧院表演产生的意象能影响个人和社区的气质。因此,在具有治疗作用的舞蹈、作为教化的诗歌以及作为(市民的)节庆的戏曲等实践过程中产生的形象,所引发的是伦理问题。在伦理体制下,艺术还不是一个自律的领域。因此,这一体制以形象为特征。其次,艺术的再现体制指的是艺术成为一个自律的领域,与生活分离,模仿生活。艺术家的专业知识既与工匠也和表演者的专业知识相区别。正是在这种分工的基础上,艺术向美术方向发展,不断地被做的方式与感知的方式之间的假定关系所影响。最后，艺术的审美体制废除了再现体制的等级规则，促进了主体的平等、体裁的消解、风格与内容之间关系的淡化。在今天，艺术成为创意经济的一部分，艺术家通过考虑艺术对社会和经济的影响而以各种方式参与和介入社会。艺术的事物和日常生活的事物之间的界限已经变得模糊化了。审美的方法就是在作为生活的艺术和为了艺术而艺术两者之间不断地协调，其目的是对再现艺术重新界定，强调协商和重新分配感知。

　　参与式艺术正是在审美体制下运行，不仅反思再现体制下的艺术观，而且也提出一种保持艺术对社会变迁的潜在力的新的审美观。参与式艺术所界定的反映复杂的社会关系的社会性是多面的。仅仅认识到创意经济是社会参与式艺术的一个条件还远远不能理解参与式艺术的多种特性，包括"欢快的"[19]、"对抗性的"[20]和"传播性的"[21]等。而且，社会性的多面与参与式艺术的当代性不可分离，无论是经济驱动、社会愉悦，还是人际之间的交流，它们各自所涉及的不同的时间都是共时的。当代性不是参与式艺术可有可无的附加的特性，而是参与式艺术的内在的基本属性。每一个对当下有意义的参与式艺术都是当代的艺术。按照社会性与当代性的这种关系，本文认为参与式艺术对当代艺术进行扩展，成为传统的当代艺术的另类模式。

　　近年来许多中国的参与式艺术都在乡村进行，这种另类的当代艺术特别看重乡村，艺术家们视农村居民和农民是自己的当代人。这种当代艺术的社会参与式艺术与先前在中国农村的艺术实践有明显的不同。在近现代中国历史上，例如晏阳初先生于20世纪二三十年代在河北农村进行了一系列以教育为主的乡

村建设的社会实验,这个系统的教育项目也包含了艺术部分,成
为当今"艺术乡建"历史的借鉴。有将近100名知识分子参与晏
阳初的项目,他们当时并没有把农村居民看成是与自己平等的
当代人。由于将农民看成是"愚昧的""贫困的""软弱的"和"自
私的",这些知识分子把他们的教育实验定位为开发式的和掌控
性的,目的是把农民转变成文明的主体。在20世纪四五十年代,
艺术家也加入在农村的工作组进行创作。例如,艺术家王式廓通
过参与农村的土地改革而完成了有名的作品《血衣》(1959)。[22]
这件社会主义现实主义作品的目的是为阶级斗争服务。在"文
革"中,知识青年上山下乡向农民学习,同时也向农民传授知识。
在那个时期,艺术很少被当成是知识青年的工作的一部分。与这
些乡村的教育和艺术实践相比,今天类似于"羊磴艺术合作社"
的参与式艺术的一个重要特点就是把农民看成是与艺术家平等
的当代人。

三、"羊磴艺术合作社"的当代艺术实践

"羊磴艺术合作社"的成员主要包括三种:来自四川美术学
院造型学院的老师和学生所组成的艺术家群体是合作社长期的
核心成员。羊磴的居民,包括美术老师、民间艺人、木匠和任何
对艺术感兴趣的人也是合作社的长期的成员。来访的艺术家或
学者有机会参加创作或相关活动,成为临时的社员。在共同创
作、合作、协商和讨论中,所有社员都是彼此平等的。因此,这
个艺术团体用"合作社"来形容它的地方性(不是在大都市而是

在乡村），它在组织机构上的自愿性和灵活性，以及在运行中的平等的原则。

"羊磴艺术合作社"运行的目的既不是为经济发展而生产有形的产品，也不是创造可以转换成知识产权的无形资产。由于大多数的艺术家都与四川美术学院有联系，他（她）们很清楚在农村发展中艺术可以和不可以做什么。所以，按照合作社的共同发起人艺术家焦兴涛所言，在乡村社会中参与式艺术的实践在方法上需要谨慎，特别是要警惕以下五种情况："田野采风""体验生活""文化乡建""艺术慈善"和"预设目标和计划"。

参与式艺术的创作和生产与日常生活的一般性的生产密不可分。也就是说，艺术家的劳动力、知识和技能可以实现艺术在社会转型中的潜在力。自2012年以来，合作社开展了一系列艺术创作活动。例如，艺术家们与居民和村民在赶场时进行互动的艺术活动，在居民房屋外绘彩色壁画，在羊磴镇的主街上推出参与式美术馆，在美术馆和访谈室中进行艺术作品展览和交流。合作社还在镇上学校的校园里，山梁上的田地里，和羊磴河上废弃的水坝上建置雕塑作品。搜集的口述历史已成为羊磴的地方档案。从合作社的微信号发布的文字、图片和视频看，合作社的艺术创作和实践活动大都是共同创作、共同生产或合作式的。它们都根植于日常生活中。当艺术家在构思某件事时，它可能是偶然的，但是，一旦进入日常生活实践中，它就可能引发一系列的事情。在这个过程中，参与式艺术活动具有事件性，并不是把艺术变成日常生活的"例外"事件，而是把艺术体验变成感知审美的再分配。以下讨论的"冯豆花美术馆"和"西饼屋美术馆"所揭示

图1　冯豆花饭店内部

的正是参与式艺术创作实践如何把在日常生活实践中的艺术体验变成审美的事件。

（一）"冯豆花美术馆"

　　"美术馆"的名称一般用于艺术界的美术馆机构，但在此指的是用雕塑的技能把日常空间改变为艺术空间的社会雕塑，具体而言，是把位于羊磴镇主街上的冯如金师傅经营的一家豆花店转变成一件叫"冯豆花美术馆"的装置。冯如金一家（包括他、妻子和小孩）经营的面积不大的豆花店面临主街，一口大锅和火炉占了入口一半的空间，豆花店的内部狭长，没有自然光，只

图 2　冯豆花美术馆的贵烟雕塑

能容纳四张不大的方桌（图 1）。豆花店的背后是冯家住房部分。
2016 年 5 月，当作者第一次访问羊磴时，也有幸参观了豆花店。
当时豆花店没有开张，冯夫人和孩子们在内室看电视。

　　"羊磴艺术合作社"的艺术家们如何把冯家日常经营的小餐
馆转变成一件雕塑装置呢？这件作品包括什么内容呢？ 2014 年
1 月下旬，冯师傅和"羊磴艺术合作社"的艺术家焦兴涛、娄金、
王比、张洁、李竹和王子云达成一份合作协议，对豆花店进行艺
术改造。艺术家们把豆花店的墙重新粉刷，之后在墙上安装了一
个放杂志的装置。除此之外，还把餐馆内方桌进行了艺术加工。
装修好的豆花店被命名为"冯豆花美术馆"，既与传统的美术馆
有别也与普通的餐馆不同。

　　我们把"冯豆花美术馆"界定为一件社会雕塑是因为这件作

图3　冯豆花美术馆开张日的顾客

品本身通过在艺术和日常生活之间的协商,一方面把艺术变成日常生活实践中面对问题的方法,另一方面也把日常生活实践的过程进行感知审美的再分配。例如,艺术家把餐馆内的四张方桌当成雕塑的材料进行艺术创作。他们保留桌腿,但重新制作桌面。在每个桌面分别雕刻一个小木雕,分别为一包贵烟、一双筷子、一个小碟和一串摩托车钥匙。这四件物品是羊磴居民在日常生活中习以为常的东西(图2)。有了小木雕的桌子就变成新的饭桌。

2014年1月25日,被命名为"冯豆花美术馆"的冯豆花店正式开业。同时,作为艺术品的冯豆花店的"冯豆花美术馆"也参与日常生活实践的过程并对感知进行审美的再分配。来自羊磴和附近的居民都来体验"冯豆花美术馆"这件作品(图3)。除了豆花店的名字改为美术馆之外，其他方面似乎没有什么改变。当顾客入座后，有的开始拿起桌面上的东西，但却发现无论是筷子、香烟、钥匙，还是味碟都不能被挪动。这些物品是日常生活中常用的东西，由于把味觉、嗅觉、触觉和视觉等变得僵化，在认知上属于非常平凡的东西。成为雕塑后，虽然形如筷子、香烟、钥匙和味碟，但失去了实用性，这便将在日常生活中被它们的工具性所遮蔽的物本体的特性揭示出来。尽管这些木雕看似筷子、香烟、钥匙和味碟，但是它们在餐馆的日常运作中是无用的物体。当顾客在冯豆花店吃豆花时，他们也同时在与"冯豆花美术馆"这件装置互动。在这个艺术空间里吃豆花是一种审美感知的再分配的经历。"冯豆花美术馆"参观者的经历与梦游仙境的爱丽丝的经历类似，当爱丽丝陷入兔子洞而进入地下的仙境后，经过一系列努力才发现仙境的感知逻辑不再是人间的逻辑，[23] 直到爱丽丝对自己的感知进行重新分配，她才可以了解仙境。在冯豆花美术馆也是这样，一旦顾客意识到所谓的"筷子""香烟""钥匙"和"味碟"都只是物的感性特征，这些物作为物本体的实在特性在日常生活中是隐形的，他们的感知才会被再分配。[24]

（二）"西饼屋美术馆"

"冯豆花美术馆"对日常生活的感知审美的再分配也吸引了羊磴镇的其他居民。"冯豆花美术馆"开幕数月之后，镇上一家西饼店的老板梁大强找到羊磴艺术合作社，希望合作社为他也创建一个美术馆。这家西饼店与冯豆花店类似，都是镇上开了多年的家庭生意，两层楼的建筑物，上层一家三口住，下层为店铺。

梁大强是"羊磴艺术合作社"艺术家娄金的小学同学,曾在深圳待了一年学习制作西式蛋糕。从深圳回羊磴后在羊磴煤矿厂工作,同时也开设了一家"果味香西饼屋"。镇上有多家卖包子和饺子的餐馆,但这是唯一的西式蛋糕店。最初五年里,西饼屋的生意不错,年轻人特别喜欢,因为居民们把西饼看成是外来文化的象征。随着煤矿厂生意的逐渐衰落,羊磴镇的经济状况越来越恶化,大部分年轻人开始外出到城市里打工。西饼屋也无法经营了,梁大强正打算关门把店铺出租给其他人。这时,他看到"冯豆花美术馆"的成功,就想把西饼屋也改装成美术馆。"羊磴艺术合作社"的艺术家们都非常乐意帮助梁大强。

在项目实施中,艺术家们主要关心的是在西饼屋的转化中艺术和审美的问题。与梁大强商议之后,艺术家们决定使用西饼屋的"欧洲"主题进行创作。他们先把一面墙涂成粉红色,并以其为背景,从2014年7月28至10月27日展开了一系列的照相活动。艺术家们选了20张欧洲的风景画为照片的背景,这些绘画分别代表欧洲有名的地方或城市,如阿姆斯特丹、莫斯科和罗马等。每一位来西饼屋美术馆买生日蛋糕的顾客都可以免费在粉色的墙前面照相,并获得一份以欧洲风景为背景的照片。照片可以是顾客本人,也可以是顾客的家人。照完照片后,顾客可以从20张欧洲风景画中选一张作为自己照片的背景,并解释为什么要选那一张。之后,合作社用PS的软件把照片与风景画进行合成。最后制成的图像看起来就像照相者站在风景画前面拍照一样。合作社打印两张,一张给顾客,另一张则挂在西饼屋美术馆的墙上。

图4 西饼屋美术馆中一位在荷兰风景画中的小女孩（右图）

合作社把这个活动命名为"买蛋糕，欧洲游"。羊磴的居民们特别是儿童都踊跃参与。他们既想吃香香的蛋糕也想在美丽的风景前照相。一位5岁的小女孩选择了荷兰的风车作为自己照片的背景，当她拿着父母给她买的生日蛋糕和自己"欧洲游"的照片，就好像自己到荷兰旅游一样，特别兴奋（图4）。

我们可以把西饼屋美术馆"欧洲游"的活动与其他的"欧洲游"活动比较。近些年来，越来越多的中国人到世界各地旅游，成为国际旅游业快速发展的一道风景线。跨境旅游者为了留下永久的纪念，通常会在某个纪念碑或景点前照相。在欧洲的主要城市和著名的景点经常可以看到来自中国的游客照相。除了一般的旅游外，中国艺术家也对中国人与欧洲文化互动的主题感兴趣。例如，2012年至2013年之间，艺术家李牧进行"仇庄项目"，把荷兰凡阿贝美术馆中的一些有名的当代艺术品进行复制，之后放在自己出生和长大的仇庄进行展览，[25] 这个项目记录了中国的农村居民如何接受欧美的白人当代艺术家的作品。与这样的项目相比，西饼屋美术馆也成为一个中国和欧洲文化交流的场所。欧洲绘画都是从互联网上搜到的现成品，羊磴的"欧洲"来自对欧洲艺术家的再现，这些绘画从欧洲的美术的再现体制中脱离开，被重新植入中国的艺术的审美体制中。在"西饼屋美术馆"这件参与式艺术装置中，吃蛋糕和照相一起构成了想象欧洲的艺术体验，就是说，作品"西饼屋美术馆"在身体的多种感官知觉与认知之间建立了一种感知的审美再分配。

四、社会参与式艺术美术馆

对"羊磴艺术合作社"的"美术馆"作品的探讨可以让我们思考社会参与式艺术如何反思雕塑和美术馆这些概念。"羊磴艺术合作社"的两个"美术馆"作品一方面是一种社会雕塑，反映的不单纯是作为空间体验部分的艺术体验，而是一种感知再分配的审美体验。另一方面，它们所代表的美术馆不是一个艺术机构而是公共生活中的技术。

（一）社会参与式艺术的审美

我们如何理解"冯豆花美术馆"和"西饼屋美术馆"这两件作品的审美？自20世纪90年代以来，诸如尼古拉斯·博瑞奥德[26]、克莱尔·毕晓普[27]和嘎西亚－坎克利尼[28]等学者认为社会参与式艺术在世界各地的趋势是变得"后自律"，即不仅拒绝传统美学观的"自律"，而且也积极肩负社会责任，接受道德评判和经济发展的衡量。例如，毕晓普在批评西方的关系式艺术时指出："今天，政治、道德和伦理的评判已经填补了审美评判的空白，这在20世纪60年代以前是无法想象的。一部分原因是后现代主义对审美评判的攻击，另一部分原因是当代艺术更细致精心地以各种方式寻求观众的直白地参与互动。"[29]"羊磴艺术合作社"的项目与审美有怎样的关系呢？为了回答这个问题，我们可以把羊磴的作品与在美国纽约工作的艺术家瑞克利特·提拉瓦尼加（Rikrit Tiravanija）的作品进行比较。提拉瓦尼加是国际艺术圈公认的、有影响的和非常活跃的名人艺术家之一，"他的作品不仅对关系美学理论的提出至关重要，而且也满足了策展人对'开放式'和'实验室'类展览的愿望"。[30] 提拉瓦尼加最有影响力的作品是1992年在美国纽约303画廊展出的《无题》和1996年在德国科隆的美术馆中展出的《无题（明日是另一日）》。这两件作品的特点是把传统的美术馆展览空间转变成一个临时的生活居住空间（厨房或客厅）。该作品的目的不仅是消除博物馆内外空间的界线，而且也让观众可以体验艺术在更广泛的社会领域的能力。在某种意义上，该作品的"社会转向"参与了对新自由规范的实现。在强调艺术可以创造让观众自己生产东西的情况下，提拉瓦尼加推崇以DIY（意思为"自己动手做"的方式为生活规范。这是对全球化的经济主导模式的再生产[31]。总之，艺术家提拉瓦尼加和丹麦的艺术团体Superflex所代表的关系式艺术是用新自由的价值评判取代了艺术的审美评判。

　　"羊磴艺术合作社"的艺术实践其实也认可艺术家提拉瓦尼加消除在美术馆的机构化空间和社会空间之间界线的做法。区别在于，"羊磴艺术合作社"没有用新自由的价值评判取代艺术的审美评判。例如，"冯豆花美术馆"所反映的参与式艺术的概念指的是在协商作为生活的艺术和作为艺术的生活之间界线的基础上的审美体验。四件小木雕不仅是豆花店日常生活实践的一部分，而且还是与日常领域背后隐藏的部分相接触的艺术品。在"西饼屋美术馆"作品中，艺术家与参与者的共同作者身份构成了这件参与式艺术的特点。创作依靠艺术家的知识和技能，不仅包括对欧洲风景画的恰当利用，而且也会为购买生日蛋糕的顾客照相。同时，"西饼屋美术馆"的创作还是日常生活中通过消费创造生命礼仪（如庆祝生日）的纪念意义过程中的难忘经历的生产。艺术和生活延续两种生产的共时也反映了社会参与式艺术作品的审美层面的当代性，也就是说，社会参与式艺术的基础是协调两种生产力的共时：一种生产力来源于由专业的艺术家、学者，以及美术院校和美术馆的机构组成的艺术界；另一种则来自由业余艺术家、艺术爱好者、居民和社会经济机构所组成的日常生活领域。"冯豆花美术馆"通过协商作为隐喻的艺术品和作为人性化的物之间的界限，实现艺术参与日常生活实践的感知审美过程。而"西饼屋美术馆"则凸显了当代性是社会参与式艺术的审美的特点。

（二）什么是社会参与式艺术美术馆？

　　作为社会参与式艺术作品，"羊磴艺术合作社"的两件"美术馆"可以让我们从社会参与式艺术的脉络来反思传统的美术馆的观念。我们一般提到的美术馆是城市公共文化发展中的一部分，目的是为公共教育服务，而且在这个意义上与日常生活发生关系，20世纪60年代以来逐渐开始强调展览的互动性和参与。但是，传统的美术馆却不是参与式艺术美术馆。毕晓普[32]通过对欧洲的三座传统的美术馆研究认为，这些美术馆目前在如何使用藏品方面比较前沿，强调某个历史物中包含的多种时间性的共时，即当代性。毕晓普的分析显示，某些具有多种时间性的艺术品倾向于占据某个历史物中历史叙述的时间轴。这些美术馆把布置展览变成当代艺术话语的一部分，这样，把艺术的多层时间框在美术馆珍藏艺术的过程中。即使这些美术馆允许藏品进入日常生活中，它们也无法获得在社会中的当代性。例如，荷兰的凡阿贝美术馆让中国艺术家李牧复制馆藏的当代艺术品，并把它们放置于中国农村仇庄的日常生活中，但是，这些美术馆藏品的当代性与李牧在仇庄复制的作品的当代性相脱离。[33]

　　与传统的美术馆是艺术界的机构相比，参与式艺术美术馆不是一个艺术机构，而是揭示艺术让日常生活变成游戏驱动的潜在力的审美实践。这种美术馆是哲学家海德格尔所说的把从人的世界中退出或隐藏的物揭示出来的技术。[34]例如，在"冯豆花美术馆"中，社会参与的作品既不占展览空间，也不会像艺术家提拉瓦尼加一样把传统的美术馆的展览空间进行转化。"冯豆花美术馆"中的四件木雕都是这件装置作品的空间的组成部分，而且与发生中的和变成审美体验的日常生活空间是共时的（即当代的）。那在冯豆花店中四张桌子上的木雕并不仅是小饭店空间转变成参与的艺术空间，而且也是与日常生活的空间实践相共时的。

　　与日常生活不可分离的参与式艺术美术馆只能在日常实践中存在，与日常生活中的各种存在（如工作、消费、家庭等等）同时存在。在羊磴，"冯豆花美术馆"和"西饼屋美术馆"不仅是艺术装置而且也是两个家庭经营的小生意。表面上，"美术馆"的名字有攀比的意思，表达贫困绅士化，甚至是对高层文化的欲望等。但实际上，这些美术馆与镇上为了谋生而经营的餐饮店没有多大区别。参与式艺术美术馆并不是创意经济中一个创造模式的典范，而是在双重意义上具有可塑性的自我技术。一层是海德格尔意义上的技术，即把从人的世界中退出或隐蔽的东西揭示出来的技术；另一层意思是福柯意义上的技术，即是在风险社会中当DIY成为日常生活实践的规范性的做事情的方式后，一种个体化的、有取有舍的自我技术。[35]当然，这个双重意义的技术是通过居民和艺术家一起合作和共同生产而形成的。

　　这种美术馆有助于我们理解当代艺术与全球化过程中形成的生活和工作的"不安定性"（precarity）之间的关系。在"后自律"艺术脉络中以提出"关系美学"出名的学者博瑞奥德近些年对他的关系艺术的"欢快性"进行修订，并关注"不安定的审美"。他把"不安定的"界定为流浪的，忽隐忽现的和模糊的。[36]他认为，在传统美术馆里可以实施用"不安定性"的概念来介入当代社会的艺术项目："不停地确认支撑社会的机构，掌控个体和群体的规则的过渡性和依情况而变的条件性等"。[37] 如果我们把他的观点进行扩展，本文则认为我们应把艺术与不安定性的关系根植于日常生活的实践中。参与式艺术美术馆的艺术实践不能简单地在使用博瑞奥德的不安定性概念时不面对日常的随机因素，例如生活和工作的不安定性常常有社会的原因和结构上的决定因素等。在全球化的风险社会中，DIY 的生活方式基本上是不安定的生活方式。所以，在风险社会的脉络中，参与式艺术美术馆实践除需要"确认支撑社会的机构的过渡性和依情况而变的条件性"[38] 之外，还需要通过艺术来揭示工作和生活的不安定的特性。例如，"西饼屋美术馆"是调节参与者与欧洲的某个地方接触和互动方式的艺术作品。参与者既是消费者又是共同生产者，现身于欧洲的某个城市场景中只不过是参与、消费和共同生产一系列行为的效果。虽然照相的过程和照片的制作创造了一次到欧洲旅游的想象，但这与生活中到欧洲游览是不同的，因为羊磴的居民目前几乎没有去欧洲游览的能力，与媒体报道的中国城市居民经常到欧洲旅游的情形显然不同。

综上所述，正如"羊磴艺术合作社"的作品所显示的，参与式艺术美术馆的作品既是社会雕塑也是自我的技术。作为社会雕塑，它不同于传统的人像雕塑和抽象雕塑，而是根植于日常生活的某个特定的脉络中，不仅把日常生活的某个空间或瞬间作为塑造的对象，而且无论是艺术家还是普通人都可以创造。这样的社会雕塑的核心是艺术对日常生活塑造的审美的潜力的表达。就是说，生成审美的体验（即感知的再分配）与生产人性化的、感性的日常物品（即豆花店或西饼屋）是共时的。在这个意义上讲，它也是当代艺术。同时，参与式艺术美术馆与传统的美术馆把社会纳入美术馆的范畴里的话语在本质上不同，也是全球化风险社会中个体化的自我的技术。这样的美术馆装置把艺术创作和实践融入日常生活中，如果对科学知识的学习可以增进理性的思考方式，对人文知识的了解可以拓展感性的思维方式，那么对艺术的追求可以唤醒日常生活的"游戏冲动"（美学家席勒的概念）。当今天的世界被各种各样的政治、经济和科学的理性主义所主导的时候，我们更需要考虑艺术审美对保持人类精神正常的潜在力。[39]参与式艺术美术馆通过把感知再分配的审美融入日常生活的实践中，不仅要确认掌控社会生活的机构的变动性，而且也要揭示风险社会的当代生活的不安定性。

鸣谢

本文的研究得到"羊磴艺术合作社"的艺术家和社员们的帮助，周彦华博士也曾与作者分享了她的研究心得，在此表示感谢。文本的初稿曾在2016年11月与美国宾汉顿大学的"物质与视觉世界"跨学科研究组分享。感谢Pamela G. Smart和Matthew Wolf-Meyer两位教授的邀请。

（任海：四川美术学院特聘教授）

注释:

[1] Jacques Rancière,*Aesthetics and Its Discontents*(Polity Press, 2009). 雅克·朗西埃：《审美及其不满》Polity 出版社，2009，第1章。

[2] Hai Ren, "Assembling the Cosmopublic: Art Intelligence and Object—Oriented Citizenship", *Mediapolis: A Journal of Cities and Culture*. 任海：《聚集宇宙公共：艺术智能与物导向公民性》,《媒体都市：城市与文化学刊》2020年3月6日，第5卷，第1期。

[3] Gu Ling, Li Mu, *A Man, A Village, A Museum*(Onomatopee123 Press, 2015). 顾灵、李牧：《一个人，一个村子，一座美术馆》, Onomatopee 123出版，2015。

[4] Hai Ren, "The Aesthetic Scene: A Critique of the Creative Economy in Urban China,"*Journal of Urban Affairs*, No. 43(7), 960-970. 任海：《审美场景：对城市中国创意经济的批评》, 载《都市事务学刊》2021第7期（总43期），第960—970页。

[5] Jacques Rancière, *Aisthesis* (Verso Press, 2013). 雅克·朗西埃：《感知审美》, Verso 出版社，2013。

[6] Terry Smith, *What is Contemporary Art?* (University of Chicago Press, 2009). 特里·斯密斯：《什么是当代艺术？》, 芝加哥大学出版社，2009。

[7] Hung Wu,*Contemporary Chinese Art*(MoMA Press, 2010). 巫鸿：《当代中国艺术》, 纽约现代美术馆出版，2010。

[8] Xiaobing Tang, *Visual Culture in Contemporary China*(Cambridge University Press, 2015), 唐小兵：《当代中国的视觉文化》, 剑桥大学出版社，2015。

[9] 唐小兵：《当代中国的视觉文化》。

[10] Hai Ren, "Cinematic Regimes and the Disappearing Factory in China," *Signs & Media*,No. 11(2015). 任海：《电影模式与在中国消失的工厂》, 载于《符号与媒体》, 2015，秋季(11)。

[11] 巫鸿：《当代中国艺术》。

[12] 同注释[11], 第396页。

[13] He Huazhang, Lü Peng,*2011 Chengdu Biennale: "Changing Vistas: Creative Duration"*(Edizioni Charta Press, 2012), 何华章，吕澎：《2011成都双年展：物色·绵延》, Edizioni Charta 出版社，2012。

[14] Hans Belting, *The Global Contemporary and the Rise of New Art Worlds*(ZKM, 2013). pp.134-135. 汉斯·贝尔廷等：《全球当代与新艺术界的兴起》，ZKM/艺术和媒体中心出版，2013，第134—135页。

[15] 参见Laikwan Pang, *Creativity and Its Discontents*(Duke University Press, 2012); Winnie Wong, Van Gogh on Demand(University of Chicage Press, 2009). 彭丽君：《创造力及其不满》，杜克大学出版社，2012，第6章；黄韵然：《订制凡·高》，芝加哥大学出版社，2014，第3章。

[16] 对这些国家研究的重要学术著作包括：Scott Lash, *Global Culture Industry* (Polity Press, 2007); Claire Bishop, *Artificial Hells*(Verso Press, 2012); Tom Finkelpearl, *What We Made*(Duke University Press,2013); Robert Hewson, *Cultural Capital*(Verso Press,2014). 斯科特·拉什：《全球文化产业》，Polity出版社，2007；克莱尔·毕晓普：《人造地狱》，Verso出版社，2012；汤姆·芬克皮尔：《我们所制作的》，杜克大学出版社，2013；罗伯特·休森：《文化资本》，erso出版社，2014。

[17] Oliver Davis, *Jacques Rancière*(Polity Press,2010), p134. 奥利佛·戴维斯：《雅克·朗西埃》，Polity出版社，2010，第134页。

[18] 关于对朗西埃"艺术体制"概念的详细阐释，见任海《电影模式与在中国消失的工厂》。

[19] Nicolas Bourriaud, *Relational Aesthetics*(Les Presses Du Reel Press,1998). 尼古拉斯·博瑞奥德：《关系美学》，Les Presses Du Reel出版社，1998.

[20] Claire Bishop, "Antagonism and Relational Aesthetics," *October*, No. 110(2004 Autumn):51-79. 克莱尔·毕晓普：《对抗主义与关系美学》，载《十月》2004年秋季号(110)，第50—79页。

[21] Grant H. Kester, *The One and the Many*(Duke University Press, 2011). 格兰特·凯思特：《一个和多个》，杜克大学出版社，2011。

[22] 唐小兵：《当代中国的视觉文化》，第2章。

[23] Gilles Deleuze, *The Logic of Sense*(Columbia University Press, 1990). 吉尔·德勒兹：《意义的逻辑》，哥伦比亚大学出版社，1990。

[24] Graham Harman, *Object-Oriented Ontology:A New Theory of Everything*(Penguin Press,2018); Graham Harman, *Art and Objects*(Polity

Press,2018). 参见哲学家格雷厄姆·哈曼的物导向本体论。雷厄姆·哈曼：《物导向本体论：一个每一件事的新理论》，Penguin 出版社，2018；雷厄姆·哈曼：《艺术与物》，Polity 出版社，2019。

[25] 同注释［3］。

[26] 博瑞奥德：《关系美学》，1998。

[27] 毕晓普：《对抗主义与关系美学》。

[28] Néstor García Canclini, *Art beyond Itself*(Duke University Press, 2014). 内斯特·嘎西亚－坎克利尼：《超越自己的艺术》，杜克大学出版社，2014。

[29] 同注释［27］，第77页。

[30] 同注释［27］，第58页

[31] 同注释［27］，第57—58页。

[32] Claire Bishop, *Radical Museology*(Koenig Press,2013). 克莱尔·毕晓普：《激进博物馆学》，Koenig 出版社，2013。

[33] 同注释［3］。

[34] Martin Heidegger, *The Question Concerning Technology and Other Essays*(Harper Torchbooks Press,1977),p.20. 马丁·海德格尔：《关于技术的问题和其它论文》，Harper Torchbooks 出版社，1977，第20页。

[35] Hai Ren, *The Middle Class in Neoliberal China*(Routledge Press, 2013). 任海：《新自由中国的中产阶层》，Routledge 出版社，2013。

[36] Nicolas Bourriaud, "Precarious Constructions", *Open*.No̦17(2009):33-35. 尼古拉斯·博瑞奥德；《不安定的建构》；载《开放》2009年第17期，第33—35页。

[37] Nicolas Bourriaud, *The Exform*(Verso Press, 2016), p43. 尼古拉斯·博瑞奥德：《前形式》，Verso 出版社，2016，43。

[38] 同注释［37］。

[39] Doris Sommer, *The Work of Art in the World*(Duke University Press, 2014). 多丽丝·萨默尔：《在世界中的艺术工作》，杜克大学出版社，2014。

顺应：艺术让位于生活

大卫·黑利 （David Haley） 詹敬秋 译

　　我最近作了一些说明，即对我来说，艺术从来都不是一个职业选择，因为我别无选择。原因很简单，它就是我生而为人所做的事情。像许多艺术家一样，我做过许多谋生的工作，这些工作似乎与艺术无关，但我绝非不是一个艺术家。事实上，我做过最糟糕的工作是那些与艺术密切相关，但并非真正从事艺术的工作——管理和行政工作。然后我发现，几乎任何工作都可以变成艺术，只要我们愿意，或者只要我们以艺术的逻辑投入其中，即使是最单调乏味的工作也能变得有创意。通过这种方式，我现在明白了，艺术可能会顺应于创造性的生活，而不是被预先确定的职业道路或商业计划所束缚。1985年，我读到爱德华多·帕洛齐（Eduardo Paolozzi）为展览撰写的目录文章中写道："我们需要的是一种新的文化，使问题顺应于能力。"[1]帕洛齐并没有专注于那些阻碍我们的问题，而是提出了一种可能性，即让问题成为变革能力的催化剂。从那时起，我就一直持有这种想法，即认为一种情况会让步于或者导致另一种情况的出现。

　　本文探讨了这种作为自然与艺术实践动态过程隐喻的退让或顺应的潜能。这一过程很少被人提及，可能因为它是一个相当模糊的、难以捉摸的现象。既非后退也非退缩，既非投降也非屈服，顺应的同时也是生成与让与，认输与获得，收获与撤退。正是顺应的这种矛盾本质，吸引并潜在地产生了一种涌现形式的能量——即显然是背道而驰的两种力量的拉锯。它可能是一种令人不舒服的情况，类似于进退维谷的双重约束[2]，其中我们或者在做出无法解决的对立决定时左右为难，或者可以借由提供一条习惯与行为（being and doing）的中间道路或者第三条道路，从而产生一种动态张力来解决自身对立。

　　现实的不同层次是充满活力与变化的，这就是为什么从一个层次到下一个层次是不连续的。不连续性是进化的条件。是异常告诉了我们正常，而不是相反。[3]

经由语言学，乔治·莱考夫（George Lakoff）和马克·约翰逊（Mark Johnson）在客观知识的神话和主观知识的神话——经验知识的神话——之间找到了一个类似的空间，或中间道路[4]。他们保留了经验知识也是一种人类建构的神话概念。重要的是要承认这样的事实，即所有的科学和艺术都是经由人们的感觉和认知而被创造的，并且依赖于人们的感觉和认知，无论它们看起来多么接近自然。经验知识是一种认识世界并与世界相处的方式，既顺应于分析/科学的方式，也顺应于叙述/直觉的方式。并且请相信，这不是优柔寡断的问题。相反，它关乎的是，拒绝被社会上普遍存在的两极分化思维进行精神上的劫持。

一、艺术作为突现现象

我们所要回归的问题是，顺应如何适用于艺术？在实践中，我们可能会花很多时间在徒劳无功的实证模式中。这是我们可以通过制定纪律、获取技能和日常实践学习到的东西——这些训练对提高我们的感知和建立认知能力至关重要，但也可以成为一种耐心等待的手段，并经历我们所认为的艺术创作的变化。然后，也许我们暂时忘记或神游象外，所做的只是将一件作品放手，进而揭示它是自身生成（becoming）的一个创造，撇开人为的设计，让艺术得以显现。当我们考虑放弃将艺术品作为高端消费品的可能性，以期看到将我们的艺术对象视为流动表达或新奇性体现的可能性时，自然的创造和我们的艺术实践可能会达成一致。我们也可以把放手（Letting go）看作是一种存在主义性质的转变，从天才艺术家、社会名流、渴望财富和名声的明星的神话，转变为服务他人的艺术家。然后，我们可以将创造力应用于共同的福祉，服务于我们的社区和生活。当然，我们的社区应该支持他们的艺术家——双方应该互相让步。

尽管有艺术创作的准则和传统，但仍然有艺术家在创作谱系的不同部分进行创新，也许，20世纪最具影响力的艺术家之一是美国艺术家艾伦·卡普罗（Alan Kaprow）。继纽约抽象表现主义（New York Abstract Expressionism）和马塞尔·杜尚（Marcel Duchamp）的作品之后，卡普罗通常被认为是在20世纪50年代创作了"偶发艺术"（Happenings）的艺术家。然而，他的作品更像是一个终生的哲学条约的表现，其中包括深刻的探索性事件和反思性写作。其中一篇文章发表在苏珊娜·莱西的《量绘形貌：新类型的公共艺术》。在那篇短文中，他把自己的工作定位为"通才"，他说：

> 简单来说，艺术般的艺术（artlike art）认为艺术独立于生活和其他一切事物，而生活般的艺术（lifelike art）则认为艺术是与生活和其他一切相互联系的。换句话说，有为艺术服务的艺术和为生活服务的艺术。艺术般的艺术的创造者往往是专家；而栩栩如生的艺术的创造者，则是通才。
>
> 并且，艺术般的艺术，其根本信息是分离与特殊；与之相对应，生活般的艺术是连通性和广角意识。[5]

通过他的实践的关系流动性，卡普罗的艺术顺应于生活，在投身生活的过程中，艺术出现了。他并非设计了预先确定的人工制品，而是为这种突发现象（emergent phenomenon）创造了情境。同样，巴西的戏剧家奥古斯托·波瓦（Augusto Boal）创建了"论坛剧场"（Forum Theatre）和"被压迫者剧场"（Theatre of the Oppressed），追溯他与人民及其政治的接触，追溯戏剧作为一种决定生命意义的方式的起源[6]。

二、艺术作为公共资源

艺术符合公众利益的观点[7]，或者艺术实际上是公共的，这一点都不新鲜。即使在今天，一些土著文化也在实践和制作我们可能认为是艺术的东西，但对他们而言，其庆祝活动标志着文化和自然现象——比如成年仪式和季节轮回。他们关注的目标在于货币和事物的表征之外的价值，准确地说，目标是他们所表示的事物的化身。例如，南印度朱罗王朝（Chola）的青铜器不仅描绘了湿婆那塔拉贾跳坦陀瓦舞——创造与毁灭之舞——它们本身就是湿婆那塔拉贾跳坦陀瓦舞。但它们的精神意义在西方的文物博物馆中消失了，在那里，一种不同的世界观占主导地位。

　　这里我们可以在如下意义上考虑将艺术品与实践作为公共产品的想法：就其早期表现形态而言，现在被归类为音乐、舞蹈、戏剧和歌剧的东西，其创作者都是参与生活的全体社区成员，而不像现在这样被区分为艺术家、表演者和观众[8]。因此，当时的表演和创作出来的作品被整个社会予以重视并共享。

　　我们可以将自然资源与艺术创作进行类比。19世纪英国经济学家威廉·福斯特·劳埃德（William Forster Lloyd）将"公地悲剧"描述为人性的竞争，人们不假思索地榨取自然资源，最终导致资源就像一口水井一样枯竭。这可能是自文艺复兴以来西方艺术的故事模式，因为它关注的是对艺术和艺术家的控制和所有权。然而，诺贝尔奖得主埃莉诺·奥斯特罗姆（Elinor Ostrom）将"公地悲剧"说成是为贪婪辩护的神话。她证明道："如果任其自由选择的话，人们会为了共同利益而关心和分享自然资源。"[9] 当为了共同利益而进行共享时，艺术的价值就从画廊和收藏家的经济学，转变为一种为所有人共享的公共文化。彼时，人们顺应的是艺术的内在价值，而非其财富价值。

三、艺术顺应于生活

2010年，洛克西音乐团（Roxy Music）前键盘手和"环境音乐教父"布莱恩·伊诺（Brian Eno）接受了《卫报》的采访，在采访中他指出了我们社会中"控制"和"投降"之间的区别。他通过暗示造船业的历史，思考了这种差别是如何在当代艺术生产的价值失衡中表现出来的。旧的木船会漏水，因此需要不断地"填缝"。随着建造技术的进步，结构上优越性的增加，水密船应运而生。然而，这些船却在海上破裂了，原因是它们过于坚硬，因此造船者们又重新使用那些有弯曲能力的裂缝船。那些"顺应"的船只，允许自己对变化的环境做出反应。这不是满怀怀旧之情地回到某个黄金时代，也不是低技术的复兴。这是"更复杂的东西"[10]。

谈到当年担任布莱顿音乐节（Brighton Festival）的导演时，伊诺解释说："我设置了一些场景，包括放弃控制权，然后查看发生了什么。"[11] 同样，在我的作品和研究中，我试图将力量从控制主导艺术家和解释遇到情况的专家那里转移出来。对我来说，这就是构建与社区对话的要点。从2004年至2016年的"荒野漫步"（Walk On The Wild Side）开始，城市生态步行与参与者之间建立了关系，在其中让参与者成为当地的专家，然后去发现情况。对一些人来说，地域转换和角色转换是奇怪的事情。他们要么受到陌生事物的挑战，要么受到不确定性的刺激。对另一些人而言，起初是熟悉的，但当他们看到情况更新时，就会感到惊讶。小组中的艺术家简单地引入了一些问题，以便让充满不确定性的神奇对话有个开始；也许是顺应，而不是投降[12]。

在别的地方，我也写了大量有关"艺术"一词可能源于雅利安语的梵语词"Rta"的文章，"Rta"的意思是"整个宇宙以符合道德原则的方式，持续创造和生成的动态过程"[13]。这个想法最初来自罗伯特·波西格(Robert Pirsig)的书《莱拉：对道德的探究》(*Lila: an inquiry into morals*)[14]，尽管这两个词之间确切的谱系关系是有争议的，但这个命题确实提供了一种潜在的见解，即艺术不仅仅是当代艺术世界、白方、黑盒子、中性的、不切实际的投资组合。"Rta"一词至今仍在当代印度语中使用，保留了以上来自古代《梨具吠陀》的含义[15]，以及它作为正义，惯用右手的、做任何事情的正确方式，以及作为一种艺术(烹饪的艺术，园艺等)等引申含义。这种正确的行为方式与准备为进化做出牺牲，或为生命让路的正确方式有关。然后，我们可以认为，生命的艺术是向进化顺应——庆祝创造和毁灭的相互过程。因此，当艺术顺应于生活时，生活也顺应于艺术。

四、顺应，让位于获得

目前伴随着消费主义文化接受作为新兴工业的无所不在的废品回收业，工业发展的经济学庆祝其增长，并继续榨取有限的资源获利，所以，在我们的社会中，艺术生产经常造成道德的麻木。从地质学的角度来看，气候和物种危机将把"人类世"(Anthropocene)[16]定义为"追求财富和权力的优先毁灭"。

接受因气候紧急状况导致的生态崩溃、物种和文化灭绝及其表现出的后果所代表的不仅是最可怕的物理空间的灾难，也关涉人类存在的后果 [17]。当我们考虑所面临的集体变革的严峻挑战时，可能会开始理解等待我们的潜在社会心理影响。随着全球变暖的轨迹和"第六次大灭绝"（Sixth Extinction）成为"新常态"，这种远离可持续理念的创伤代表了另一个维度的破坏。

"韧性"（resilience）一词已成为企业和平民社会无处不在的绿色词汇，但仍有一些具体的理解可能仍然有用。韧性有两种主要的定义，各自强调稳定性的不同方面。"工程韧性"反映了效率，另一方面，是持久性，或者是恒定和变化、可预测性和不可预测性之间的差异。然而，效率、控制、稳定性和可预测性是故障安全设计和最佳性能的核心属性，但只适用于低不确定性（low uncertainty）的系统。然而，对于现实世界中动态的、不断发展的系统，它们可能适得其反，因为变异性和新颖性导致了高度的不确定性。第二种定义是"生态系统韧性"，强调持久性、适应性、可变性和不可预测性——这些都是进化或变化观点的人所接受的特性 [18]。这些属性是设计"有能力的未来"的核心 [19]。

尽管社会神话与之相反，但这个世界和其中的大多数事情都超出我们的控制范围。我们必须学会对意外的、不确定的事情有所预期。要做到这一点，就要为这些可能发生的情况做好准备，并具备生态韧性。这种适应源自对生态系统动力学作为产量函数的理解。作为一种深思熟虑的手段，它聚焦于破坏和重组相互让路的过程中，而社会往往为了发展和保护而忽略了这两个过程。通过将系统与组织、弹性和动态的概念联系起来，我们对这些生产过程有了更完整的看法。而且，作为理解从细胞到生态系统再到社会的复杂系统的基本方法，适应性循环在长期的资源积累、转化（毁灭）与短期的创造创新机会（创造）之间进行交替[20]。《扰沌：理解人类和自然系统的转变》（*Panarchy: Understanding Transformations in Human and Natural Systems*）的编辑冈德森与霍林（Gunderson & Holling）写道：

> 稳定和不稳定属性之间的相互作用是当前发展和环境问题的核心——全球变化、生物多样性丧失、生态系统恢复和可持续发展。
>
> 对工程韧性的过分强调，强化了一个危险的神话，即自然系统的可变性是可以被有效控制的，其后果是可以预测的，而持续的产量最大是一个可实现的与可持续的目标……成功限制目标的可变性，导致了稳定域未被察觉的收缩。随着生态系统韧性的丧失，该系统对以前可以吸收的外部冲击变得更加脆弱。[21]

这种弹性的另一种形式——顺应，或者为获得让路——对于承认和接受灾难性的必然可能是一种释放。这不是顺应，而是为改变而"让路"。杰出的生态艺术家，海伦·梅耶·哈里森（Helen Mayer Harrison）和纽顿·哈里森（Newton Harrison）将其称之为，"将灾难的面孔变为机遇的面孔"。这是一个具有生态悟性的前进方向。在他们的作品《温室英国：失守阵地，收获智慧》（2005—2010）中，哈里森夫妇坚持使用为避免海平面上升而进行"优雅的撤退"这个隐喻，而非英国政府机构使用的"受监管的撤退"这一术语。这不仅仅是一种对同一件事的委婉表述方式，更是一种态度的转变。这种积极的接受局面，成为一种超越拒绝或恐惧的方式。这种对我们与世界互动方式的瓦解可能引发变革，因为它们打破了被人们认为真实的规范和信仰体系[22]。

在哈里森名为《不可抗力》（*The Force Majeure*）的作品集中，这个概念能够使我们以积极的希望取代感性的或虚假的乐观主义的方式，来解决必然性和不确定性的问题。在他们的诗文《21世纪宣言》（*Manifesto for the 21st Century*）中，最后一段令人不寒而栗的诗句捕捉到了这一点：

> 因此处于中心的我们得出如下结论
>
> 反作用力是可用的
>
> 这在某种程度上可以缓解可能的第六次大灭绝
>
> 但除非是在未来 50 年或更短的时间内被创造出来
>
> 否则，许多地方的公民社会将经历动荡，继而崩溃
>
> 还是与生态系统好好相处吧[23]

五、对话顺应于学习

当两股看似难以相处的力量狭路相逢时，顺应使通过对话来解决问题成为可能。因此，顺从他人的世界观有助于同情和慷慨、学习和理解。正如大卫·伯姆（David Bohm）和他的同事写道：

> 因为"对话"的本质是探索性的，它的意义和方法是不断展开的。人们无法制定确定的规则进行对话，因为对话的本质是学习，而非消费由某个权威给予的大量信息或教义的结果，也不是作为研究或批评某一理论或计划的手段，而是一个作为同侪之间

创造性参与的展开过程。[24]

这种对话式的"展开过程"，类似于苏格拉底通过创设问题来让人们自己学习（的顺应过程）。顺应意味着开启另一种思考方式、另一种行事方式和另一种生成方式。梅多斯（Donella Meadows）写道：

> 没有廉价的技巧可供掌握。你必须努力去做，无论这意味着严格地分析一个系统，还是严格地抛弃你自己的范式，把自己投入到"不知道"的谦卑中。最终，权力似乎与推动杠杆点的关系更少，而与战略性的、深刻的、疯狂的放手关系更多。[25]

六、顺应，而非推动，带来力量的充盈

在太极拳、八卦掌、形意拳、一拳等中国武术内功中，推手或退手的特点是让学生体验和理解杠杆、反射、灵敏度、时机、协调和定位。推手是一种违反直觉的学习方法，它不是用力来抵抗力，而是顺应于力，从而改变力的方向。这种让自己敏感于潜在对手的能量的过程，对于保持和集中自己的力量，同时重新引导他人的力量，是至关重要的。这种看似无形的力量，在大师的运用下，可以产生深远的影响。力的反面是顺应，这是另一种力量的表达。

就像很多武术一样，这种顺应的形式受到了自然力量的启发。在本例中，启发来自对水的观察。一个水体遇到另一个水体，就像两条河流的汇流，从来不会直接影响到彼此。水从相反的方向流动，形成漩涡，滚落并相互结合，当它们向第三个方向流动时获得能量，并共同流动。此外，我们可以看到，在涡流或漩涡的中心，在波卷的内部以及风暴、飓风或台风的风眼处，存在着一个空心，这个包含能量的真空将水和风吸进去，自然界最强大的力量之一也要顺应于它。

就像海岸线沿岸的潮汐，随着时间的推移，文化顺应于自然，自然顺应于文化。就像海洋和陆地一样，有时自然或文化会彼此继承，动态平衡从一种状态转移到另一种状态。这个没有重叠和消失边缘的地方最为丰饶，创造出进化新颖性的潜力。正如罗伯特·波西格（Robert Pirsig）所写的那样："最具道德的行为是创造生命前进的空间。"[26] 我认为这就是我们顺应于艺术的地方。

　　海岸顺应于潮水

　　鱼和贝类从中得利

　　为改变开辟道路

　　潮汐顺应于海岸

　　蛎鹬因而大大获益

　　变化带来了新奇

　　海洋顺应于陆地

多样性败给了贪婪

那是交易的所在

陆地顺应于海洋

海岸线始终转移

就有了沧海桑田

空间顺应于时间

自然顺应于文化

艺术顺应于本性

生命顺应于死亡

如同死亡顺应生命

使重生成为真实

大卫·黑利 2021

［大卫·黑利（David Haley）：国际知名生态艺术家，中原工学院访问教授、艺术与环境协会（CIWEM）副主席，曾任英国曼彻斯特大都会大学环境所主任；译者：詹敬秋，哲学博士，西交利物浦大学中国文化教学中心讲师］

注释：

[1]爱德华多·帕洛齐：《失落的魔法王国和纳瓦特的六个纸月亮》，伦敦：大英博物馆出版,1985。Paolozzi, Eduardo, *Lost Magic Kingdoms and Six Paper Moons from Nahuatl*(London: British Museum Publications,1985).

[2]贝特森·格雷戈里，杰克逊·唐，黑利·杰伊，威克兰·约翰：《精神分裂症理论》，《行为科学》1956年第一期，第251—254页,(https://solutionscentre.org/pdf/TOWARD-A-THEORY-OF-SCHIZOPHRENIA-2.pdf）2021年9月15日检索。Bateson, Gregory; Jackson, Don D.; Haley, Jay; Weakland, John. "Towards a Theory of Schizophrenia," *Behavoural Science* [1956] 1(14),pp.251-254. https://solutions-centre.org/pdf/TOWARD-A-THEORY-OF-SCHIZOPHRENIA-2.pdf. Retrieved 15 September 2021.

[3]巴萨拉布·尼可列斯库：《隐藏的第三方》，纽约：量子散文出版社，2016。Nicolescu, Basarab, *The Hidden Third* (New York: Quantum Prose,2016)

[4]乔治·莱考夫，马克·约翰逊：《我们赖以生存的隐喻》，芝加哥：芝加哥大学出版社，1980。Lakoff, George and Johnson, *Mark, Metaphors We Live By* (Chicago: University of Chicago Press,1980).

[5]艾伦·卡普罗：《艺术即生活》，盖蒂研究所出版社，2008。Allan Kaprow, *Art as Life* (Publisher: Getty Research Institute,2008).

[6]奥古斯托·波瓦：《被压迫者剧院》，伦敦：冥王星出版社，2008。Boal, Augusto, *Theatre of the Oppressed* (London: Pluto Press,2008).

[7]阿琳·雷文：《公共利益中的艺术》,1989。Raven, Arlene , *Art in the Public Interest*.

[8]同注释[6]。

[9]埃莉诺·奥斯特罗姆：《治理下议院》，纽约：剑桥大学出版社，1990。Ostrom, Elinor, *Governing the Commons* (New York: Cambridge University Press,1990).

[10] 布莱恩·伊诺：《投降，这是布莱恩·伊诺》，2010。https://www.theguardian.com/music/2010/apr/28/brian-eno-brighton-festival刊载于《卫报》2010年4月28日，2021年9月15日检索。Eno, Brian, "Surrender. It's Brian Eno," *The Guardian* 28 April 2010,https://www.theguardian.com/music/2010/apr/28/brian-eno-

brighton-festival Retrieved 15 September 2021.

[11]同注释[10]。

[12] 大卫·黑利：《荒野漫步：走向生态艺术教育学》，载于拉斯齐克，鲁塞尔，D.克特－麦肯齐，诺尔斯，A.《经艺术而教育国际杂志——行走作为一种激进的和批判性的探究艺术：体现，地点和纠缠》。Haley, David., "A Walk On The Wild Side: Steps towards an ecological arts pedagogy," In eds. Lasczik, A., Rousell, D., *Cuttler-Mackenzie-Knowles, A. International Journal for Education Through Art – Walking as a radical and critical art of inquiry: Embodiment, place and entanglement.*

[13] 大卫·黑利：《一个价值问题：艺术、生态与事物的自然秩序》，载于埃德·布雷迪《元素：生态艺术读本》，盖亚出版社，曼彻斯特街角出版发行，2015。Haley, David, "A question of values: art, ecology and the natural order of things," in Ed. Brady, J. *Elemental: an ecological arts reader* (Gaia Press, Cornerhouse Publications, Manchester).

[14] 罗伯特·M.波西格：《莱拉：对道德的探究》，伦敦：黑天鹅出版社，1993。Pirsig, Robert M, *Lila: An Inquiry Into Morals* (London: Black Swan).

[15]同注释[13]。

[16]人类世：指从工业革命以来人类开始对地球环境产生重大影响的地质时代。https://baike.so.com/doc/29011395-30488092.html。Anthropocene:the geological period since the industrial Revolution when humans began to have a significant impact on the earth's environment) https://baike.so.com/doc/29011395-30488092.html.

[17]贾里德·戴蒙德：《崩溃》伦敦：企鹅出版社，2005。Diamond, Jared, *Collapse* (London: Penguin).

[18] 大卫·黑利：《艺术作为毁灭：对创造的探究》，瑞斯J.主编《人类世的艺术理论与实践》，特拉华州威明顿：弗农出版社，2018。Haley, David, "Art as destruction: an inquiry into creation," in Eds. Reiss, J. *Art, Theory and Practice in the Anthropocene* (Wilmington Delaware: Vernon Press).

[19] 大卫·黑利：《可持续性的极限：生态学的艺术》，2008。Haley, David, *The*

Limits of Sustainability: The Art of Ecology.

[20]同注释[18]。

[21] 兰斯·冈德森·H，霍林，C.S等编著，《扰沌：理解人类和自然系统的转换》，华盛顿特区：岛屿出版社，2002。Gunderson Lance H. & Holling, C.S. (Eds.) *Panarchy: Understanding Transformations in Human and Natural Systems* (Washington, D.C.: Island Press).

[22]同注释[18]。

[23] 海伦·梅耶·哈里森，纽顿·哈里森：《21世纪宣言》，2008。(http://theharrisonstudio.net/the-force-majeure-works-2008-2009-2)2021年9月15日检索。Helen Mayer Harrison & Newton Harrison, *Manifesto for the 21st Century.* http://theharrisonstudio.net/the-force-majeure-works-2008-2009-2. Retrieved 15 September 2021.

[24] 大卫·伯姆，费克特·唐纳德，彼得·加勒特：《对话，一个提议》，1991。(http://www.david-bohm.net/dialogue/dialogue_proposal。html) 2021年9月15日检索。Bohm, David; Factor, Donald; Garrett, Peter, *Dialogue, a proposal.* http://www.david-bohm.net/dialogue/dialogue_proposal. html Retrieved 15 September 2021.

[25]多内拉·梅多斯：《杠杆点：在系统中干预的地方》，可持续发展研究所，1999。2021年9月15日检索。Meadows, Donella. H. , *Leverage Points: Places to intervene in the system* (Sustainability Institute).https://donellameadows.org/archives/leverage-points-places-to-intervene-in-a-system/ . Retrieved 15 September 2021.

[26]同注释[14]。